"十四五"时期国家重点出版物出版专项规划项目

主编：傅诚德　｜　副主编：高瑞祺　章卫兵

走进石油（第二版）

Touch the Petroleum

洞察地下油气藏
——石油地球物理测井

李　宁　等编著

石油工业出版社

图书在版编目（CIP）数据

洞察地下油气藏：石油地球物理测井 / 李宁等编著 .
—北京：石油工业出版社，2023.12
（走进石油：第二版）
ISBN 978-7-5183-6470-1

Ⅰ.①洞… Ⅱ.①李… Ⅲ.①油气勘探－地球物理勘探
Ⅳ.① P618.130.8

中国国家版本馆 CIP 数据核字（2023）第 220762 号

出版发行：石油工业出版社
　　　　　（北京安定门外安华里 2 区 1 号　100011）
　　　　　网　　址：www.petropub.com
　　　　　编辑部：（010）64523693　图书营销中心：（010）64523633
经　　销：全国新华书店
印　　刷：北京中石油彩色印刷有限责任公司

2023 年 12 月第 2 版　2023 年 12 月第 1 次印刷
710×1000 毫米　开本：1/16　印张：10.5
字数：128 千字

定价：50.00 元
（如出现印装质量问题，我社图书营销中心负责调换）

版权所有，翻印必究

《走进石油》(第二版)

丛书编委会

主　任：匡立春

副主任：傅诚德　江同文　雷　平

委　员：李　宁　苏义脑　胡文瑞　黄维和　徐春明　邹才能
　　　　高瑞祺　王大锐　吴　奇　胡　杰　何盛宝　马宝金
　　　　闫伦江　王　震　曾　萍　李俊军　张　镇　王雪松
　　　　章卫兵

丛书编写组

主　编：傅诚德

副主编：高瑞祺　章卫兵

成　员：（按姓氏笔画排序）
　　　　马新福　王长会　方　可　丛者峰　吕焕通　刘明明
　　　　闫建文　李　中　李　欣　张贺恩　陈朋超　武宏亮
　　　　周英操　庞奇伟　孟祥海　胡才仲　娄舒洁　崔玉波
　　　　葛稚新　谢水祥　潘玉全

本书编写组

组　长：李　宁

副组长：武宏亮　王贵文　王克文

成　员：（按姓氏笔画排序）

　　　　王才志　卢俊强　田　瀚　冯　周　刘　鹏　刘兴斌
　　　　刘军锋　刘英明　刘忠华　苏远大　李雨生　李潮流
　　　　张　锋　范宜仁　岳文正　高　杰　谭茂金

序（第二版）

石油和天然气作为世界主要能源和优质化工原料，是当今社会经济发展中最重要的生产力要素之一。目前，世界能源消费结构份额中，石油占比最大，石油与天然气占比合计超过一半。一个国家对石油和天然气的拥有量和占有量已成为其综合国力的重要标志。半个世纪前，美国前国务卿基辛格博士曾说，谁控制了石油，谁就控制了所有国家。石油的供需状况不仅在相当大的程度上直接影响一个国家的经济稳定和战略安全，而且往往成为影响一个地区乃至全球政治经济秩序的重要因素。

当前，以可再生能源+能源互联网为核心的第三次工业革命正在快速推进，大力发展可再生能源已成为全球能源革命和应对全球气候变化的普遍共识。在国家"碳达峰、碳中和"目标背景下，石油工业面临能源结构调整的巨大压力，也迎来了推进绿色低碳转型和能源科技创新的时代机遇。据多家权威机构预测，石油和天然气仍然是人类近50~100年的主导能源，世界各国继续把发展石油和天然气，保持和增加对其拥有量和占有量作为重大战略问题。科学技术越发成为保障国家能源安全，提升石油行业竞争力的重要手段。

科技创新、科学普及是实现创新发展的两翼。许多伟大的科学家和创新者都是通过科学普及这扇大门进入神秘的科学世界。为了让国内外更多读者了解石油、走进石油，2006年由中国石油学会科普教育委员会和石油工业出版社共同组织出版了《走进石油》科普丛书。丛书由傅诚德教授主编，侯祥麟、田在艺两位院士作序，出版后受到我国石油科技界和社会大众的广泛支持和欢迎。

近年来，世界石油科技突飞猛进，新能源产业也在蓬勃发展，新理论、新方法、新工艺层出不穷，大数据、云计算、人工智能等新技术与石油工业的融合日趋紧密，因此亟待向业内和社会大众推广和普及。《走进石油》（第二版）在第一版10个分册的基础上扩充到15个分册，条目由600多条增加到1200多条，涵盖了石油石化行业完整的知识链，内容新颖，图文并茂，是一套兼具科学性、通俗性和趣味性的科普丛书。读者看到的不仅仅是一个又一个知识闪光点，还将回眸石油科技创新和发展的非凡历程，感受科技工作者创新创造的科学家精神，触摸石油工业无比璀璨的未来。

在此，谨对《走进石油》（第二版）的出版表示热烈祝贺。我相信，随着这套丛书的出版发行，一定会有更多的读者以此为阶梯，迈向石油科学技术的高峰。

张玉卓

时任中国科协党组书记、分管日常工作副主席、书记处第一书记
现任国务院国有资产监督管理委员会党委书记、主任
中国工程院院士

▶ 编者的话

石油,顾名思义,就是石头里产出来的油。和煤、铁、铜、金等矿藏一样,石油也是一种产于地壳中的宝贵矿藏,但它以一种流体形态赋存于地下。世界上第一个提出"石油"这一科学命名的人是中国北宋科学家、曾任陕西延安府太守的沈括(1031—1095)。在他所著的《梦溪笔谈》中记载:"鄜、延(即鄜、延二州,今陕西延安一带)境内有石油,旧说'高奴县出脂水',即此也。"他还曾预言"此物后必大行于世,自余始为之"。而在国外,直至1556年才由德国人乔治·拜耳提出石油(Petroleum)一词,Petro指岩石,Oleum指油脂,二者合在一起即石油。中国沈括命名石油比西方国家早了约500年。

无论是作为燃料,还是以它为原料制成的各种产品,石油已经渗透到人类社会的各个领域。汽车、飞机和轮船使用的汽油、航空煤油、柴油等动力燃料由石油炼制而来,人们日常生活中离不开的塑料、橡胶制品和绚丽多彩的服装鞋帽等,都与石油息息相关。因此,石油有了"工业的血液""黑色的金子"等美誉。石油如此珍贵,不仅在改变着人们的生活,也让世界上有些国家为争夺石油资源而上演一场场惊心动魄的地缘争斗。据统计,20世纪后半叶发生的地区冲突大多与石油有关。

石油工业的发展和石油科学技术的进步,不仅对国家能源安全、国民经济建设和国防现代化具有重要意义,而且与全面建设小康社会以及人们的衣、食、住、行紧密相关。为了让广大读者一探石油工业的究竟，更深入地理解石油与我们生活的关系，促进石油科技知识的传播，中国石油学会科普教育委员会和石油工业出版社于2006年共同组织出版了石油科普系列丛书《走进石油》(第一版)，丛书由傅诚德教授主编，石油行业内100多位知名专家参与编写，包括《石油地质》《石油地球物理勘探》《石油地球物理测井》《石油钻井》《石油开发》《石油开采》《石油储存与运输》《石油炼制与化工》《石油经济》《石油环境保护》10个分册。中国科学院与中国工程院两院院士、中国石油学会名誉理事长、原石油工业部副部长侯祥麟先生和中国科学院院士、中国石油学会第一届科普教育委员会主任田在艺先生多次指导并为丛书作序。《走进石油》(第一版)自2006年出版以来，受到社会各界读者的广泛好评，2009年作为主要书目入选由中宣部、中央文明办、新闻出版总署主办的"全民阅读"优秀项目——中国石油"千万图书送基层，百万员工品书香"活动。丛书重印5次，累计发行7.6万余套，合计76万余册，多年来一直是中国石油远程培训的重要教材之一。

《走进石油》(第一版)出版至今已有将近20年时间。近20年来，石油科技迅速发展，计算机、互联网、物联网技术在石油工业得到全面应用，石油勘探、石油开发、炼油化工等专业技术与大数据、人工智能、数字孪生等数字技术深度融合，碳纤维等高分子材料、复合材料更深入地向多领域延伸，氢能、太阳能、核能等新能源技术和"双碳三新"目标的提出正在加速推动石油工业的转型，石油科技正在全面突飞猛进，石油行业的新理论、新技术和新方法层出不穷，因此《走进石油》(第一版)已经难以满足当前石油科技知识普及的需求。为此，2020年傅诚德教授和高瑞祺教授提议对《走进石油》(第一版)进行修订，得到了中国石油科技管理部和石油工业出版社的大力支持和积极响应。

侯祥麟院士在《走进石油》(第一版)序中强调"科学的发展和技术的创新，只有被公众掌握，才能变成巨大的生产力，才能加快科技成果向现实生产力的转化"。为了更好达此目标，使《走进石油》(第二版)内容质量和展现形式更上一层楼，丛书编委会从一开始顶层设计就集思广益，聚贤汇智，由苏义脑、胡文瑞、黄维和、邹才能、徐春明、李宁六位院士和行业权威专家分别担任15个分册的主编,150多位技术专家参与编写,20余家石油石化企业、科研院所、行业学会(协会)鼎力支持。

《走进石油》(第二版)是一套理念先进、体系完整、知识丰富的科普巨制;以1200多个知识点,构成了系统完整的石油石化知识链,并依托丰富的表现形式,为读者拓宽了"走进石油"的路径。一是对知识体系进行合理扩展:将第一版的《石油炼制与化工》分册扩展为《石油炼制》和《石油化工》两个分册,增加《天然气》《海洋石油》《新能源》《智慧石油》4个分册,全景再现了石油工业全产业链的知识景观;二是对技术亮点进行有序重构:准确把脉石油行业主体学科专业新理论、新技术、新工艺、新成果以及发展趋势,突出读者关注度较高、应用效果显著的知识点,让每一分册都能够形成主次分明、重点突出的亮点结构;三是对新兴科技进行科学展望,呈现其广阔的发展前景。

为了使《走进石油》(第二版)在第一版的基础上增强文章的科普性、趣味性,丛书编委会对编写组织和图书表现手法等进行了独特的探索。在第二版中,由技术专家与科普作家深度参与协同创作,实现了内容科学性、通俗性、趣味性的统一;首次使用富媒体技术,实现了视觉空间展现与平面阅读方式的融合;首次面向全社会征集"油博士"卡通形象,让"油博士"引领读者走进石油,实现了各分册知识板块的有机结合;首次采用系列自创插图,使读者通过插图扫除文字理解障碍,引领阅读进入"读图时代"。

《走进石油》(第二版)的出版,不仅是向社会推出的一套传播石油知识的图书,更是一项提高全民科学素质的文化工程,其意义将随着时间的推移愈显重要。特别指出的是,为了这项文化工程的如期完工,编写队伍付出了巨大的努力。在三年多的创作时间里,适逢百年不遇的新冠肺炎疫情肆虐,编写组成员克服各种困难完成了撰写任务。

在本套丛书的编写出版中,中国石油科技管理部领导给予了重要指导和支持,中国科协、中国石油学会、中国化工学会、中国石油科协、中国石油大学（北京）、中国石油大学（华东）、长江大学、西南石油大学、东北石油大学、西安石油大学、中国石油勘探开发研究院、中国石油深圳新能源研究院、中国石油石油化工研究院、中国石油工程技术研究院、中国石油安全环保技术研究院、中国石油东方地球物理勘探有限责任公司、中国石油海洋工程有限公司、中国石油数字和信息化管理部、中国海油能源经济研究院、国家管网集团科学技术研究总院、昆仑数智科技有限责任公司等企业单位、科研院所、学会（协会）和高等院校提供了大力支持，在此表示由衷感谢！石油工业出版社对本套丛书的编写出版非常重视，专门配备了最强编辑力量配合作者和丛书编写组完成稿件编写和审核，向石油工业出版社提供的支持表示感谢！最后，向在本套丛书策划、编写、审稿和出版过程中提供创意、建议和意见的专家表示感谢，也向每一位不计得失、笔耕不辍的作者表示诚挚的谢意！

　　社会希望了解石油，石油工业的发展需要社会的支持。希望我们精心组织编写的石油科普系列丛书——《走进石油》（第二版）能为广大读者了解石油工业提供帮助，更能为我国石油工业的发展贡献一份力量！

分册前言

石油和天然气作为存储在地下的重要能源资源，不仅我们日常生活离不开，而且其对经济发展、国家安全也具有非常重要的意义。石油和天然气埋藏在数百米乃至上万米深的地下，看不见、摸不着。为了把它们开采出地面，需要将专门的探测仪器放到井下，通过测量地层的各种物理与化学性质，用以研究油气藏的分布范围和空间形态，确定地下的油气储量及其开发方案，这就是地球物理测井，简称测井。

测井在油气勘探开发中具有非常重要的作用，被誉为地质学家的"眼睛"。本书的编写目的是让读者了解测井、认识测井，从而投入测井这一神奇的研究领域，一起去揭示地下油气藏的秘密。笔者尽可能用通俗的语言、生动的比喻，深入浅出地讲述测井的基本知识，力求科学性、知识性、趣味性和通俗性相统一。本书首先介绍了什么是测井、测井的起源、家族成员以及测井在勘探开发中的作用，然后分别介绍了电法测井、声波测井、核测井、生产测井、测井在储层定性评价及定量计算中的应用。

本书由中国工程院院士李宁等编著。其中，第一篇由谭茂金负责，李宁、武宏亮、王才志参与编写；第二篇由高杰负责，范宜仁、王克文、冯周参与编写；第三篇由苏远大负责，刘鹏、岳文正、卢俊强、李雨生参与编写；第四篇由张锋负责，武宏亮、冯周参与编写；第五篇由刘军锋负责，刘兴斌参与编写；第六篇由王贵文负责，王克文、李潮流、刘英明、刘忠华、田瀚参与编写。全书由李宁、武宏亮、王贵文、王克文负责统稿。

　　本书在编写过程中得到了中国石油勘探开发研究院、中国石油集团测井有限公司及相关油田单位、石油高校等的大力支持。有关专家对本书的章节结构、撰写重点等提出了宝贵的意见及建议。在此一并表示诚挚的谢意！摄图网提供了部分插图，在此表示感谢！

　　由于笔者水平所限，不足之处在所难免，恳请读者批评指正。

目录 Contents

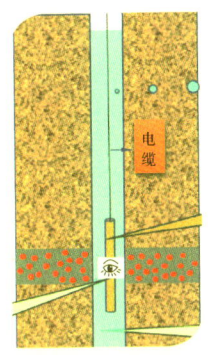

一 漫话石油测井 / 001

上天、入地是人类探索自然的壮举。凭借中国"天眼"射电望远镜和运载火箭，我们实现了探索"深空"、登陆月球的"上天"梦想。那么，地球深处到底什么样？是否有石油和天然气？有多少油气？油博士将带领您认识能够实现"入地"目标的测井大家族。

1.1 什么是石油测井？ / 002
1.2 世界第一次测井 / 004
1.3 中国第一次测井与测井工作者 / 006
1.4 测井发展话今昔 / 011
1.5 "人丁兴旺"的测井家族 / 013
1.6 测井系统的进步和测井施工作业 / 017
1.7 测井软件是测井数据的"解密器"和"分析师" / 019
1.8 探寻存储油气的"仓库" / 021
1.9 油气储层品质的"度量衡"——测井评价 / 023

二 给地层做"心电图"的电法测井 / 027

心电图大家都做过，那么地层能做心电图吗？怎么给地层做心电图？给地层做心电图能发现油气吗？油博士将带领您解答这些问题。

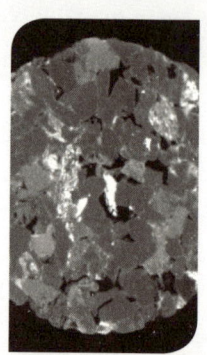

2.1　坚硬的岩石能导电吗？　/028
2.2　什么是岩石的导电性？　/030
2.3　正负对比的自然电位测井　/031
2.4　实现电流可控的侧向测井　/033
2.5　识别电流位置的方位电阻率测井　/035
2.6　为地层"拍照"的
　　　井壁电阻率成像测井　/036
2.7　在涡流中完成的感应测井　/038
2.8　发射无线电波的介电测井　/040
2.9　不怕金属屏蔽的过套管电阻率测井　/042
2.10　加装了瞄准镜的随钻电阻率测井　/044

三　听声辨位的声波测井　/047

地下怎么会有声音呢？怎么倾听地下的声音？油博士将对以上问题进行解答，破解声波测井发现地下石油的奥秘。

3.1　地下岩石能传播哪些声音？　/048
3.2　测井声波的发出与接收　/049
3.3　感知岩石中声音的声速测井　/051
3.4　听到多种波形的阵列声波测井　/052
3.5　用声音"观看"井壁的声波电视　/054
3.6　反射波与远探测声波测井　/056
3.7　方位远探测声波测井锁定反射体方位　/058
3.8　确定套管与地层是否粘牢的声幅测井　/059

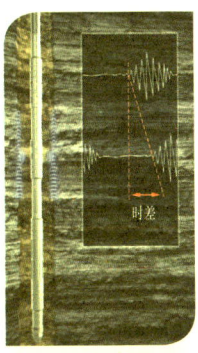

3.9　安装人工耳蜗的随钻声波测井　/061

3.10　观察水力压裂的井中微地震监测　/062

3.11　在井中接收地震波
　　　——垂直地震剖面测井　/064

四　给地层做体检的核测井　/067

"遥知不是雪，为有暗香来。"这是王安石对梅花的赞叹。通过细嗅空气中的香气可以寻找目标。与人用鼻子追寻气味来源一样，通过嗅探放射性粒子与地层物质发生相互作用后产生的"气味"，核测井能够透过这些信息，对地下岩石和流体进行精确评价，破解油气的奥秘。

4.1　岩石都有放射性　/068

4.2　如何描述岩石的放射性？　/069

4.3　核测井到底安不安全？　/072

4.4　中子源：打开"地宫"宝藏的钥匙　/074

4.5　自然伽马测井与自然伽马能谱测井　/077

4.6　给岩石测"骨密度"的密度测井　/079

4.7　给地层流体"卫星定位"的
　　　同位素示踪测井　/082

4.8　与原子弹爆炸原理类似的中子测井　/084

4.9　测量流体"住房"面积的
　　　中子孔隙度测井　/087

4.10　精确确定岩石骨架成分的
　　　　元素能谱测井　/090

4.11　给地层流体测"肺活量"的
　　　　氧活化测井　/093

4.12　测量热中子存活时间的中子寿命测井　/ 095

4.13　"鼻子长在钻头上"的随钻核测井　/ 097

4.14　测量储层孔隙结构的核磁共振测井　/ 099

五　及时把脉地下油气藏的生产测井 / 103

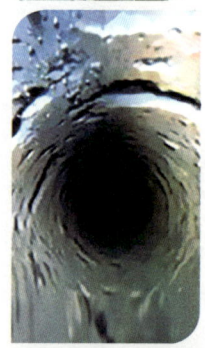

　　处于高温高压下的油气，如何从数千米的地层中乖乖地流入井筒并升到地面？井筒内流体的"体温"和"血压"会如何变化？运行了多年的油气井，犹如迈入暮年的老人，它的"身体"存在哪些"病症"会影响油气正常生产？如何利用机器人给地层做"活体取样"检查？地下还有多少油气？油博士将对以上问题进行探讨，看一看生产测井如何对油气生产全过程进行动态监测。

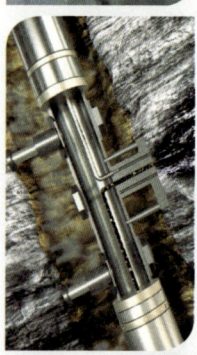

5.1　什么是生产测井？　/ 104

5.2　给地层量"体温"的温度测井　/ 107

5.3　给地层量"血压"的压力测井　/ 109

5.4　测量地层"产量"的流量测井　/ 110

5.5　区分井下流体类型的流体识别测井　/ 112

5.6　给井下流体拍照——流动成像测井　/ 114

5.7　给油井做"体检"的
　　　井身状况检测测井　/ 116

5.8　给地层做"活体取样"的
　　　地层测试测井　/ 118

5.9　看地下有多少剩余产能
　　　——剩余油饱和度测井　/ 120

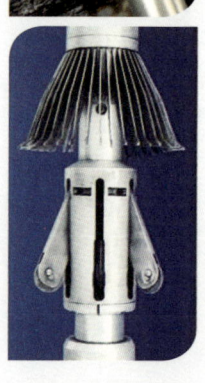

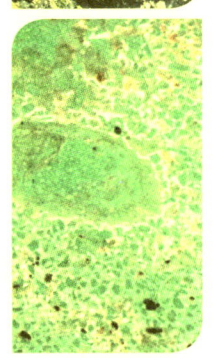

六 石油测井洞察力——测井应用 / 125

地球物理测井的应用贯穿石油勘探开发全过程，被地质学家誉为深入地层深处、洞察地下油气藏的"眼睛"。大部分油气不是存储在地下硕大的地窖里，而是在比头发丝还细小的孔隙中。利用测井这双明亮的"眼睛"，不仅可以看到这些极其微小的孔隙，评价这些孔隙的大小、多少，而且还可以判断孔隙中是含油、含气还是含水，评估油气在孔隙中流动速度的快慢等。

6.1　识别地下千差万别的岩石　/ 126

6.2　拍摄和妙用地下岩石高清照片　/ 127

6.3　确定岩石中孔隙的大小及多少　/ 130

6.4　判断岩石孔隙是否含有油气　/ 133

6.5　确定岩石孔隙中的油气含量　/ 134

6.6　如何确定油气流动的快慢？　/ 136

6.7　确定岩石的力学参数　/ 138

6.8　如何评价岩石的生烃能力？　/ 140

6.9　判定地下油气藏的分布形态　/ 141

6.10　让井眼躺着在油气中穿行　/ 144

6.11　从井中看不同径向深度的地层　/ 145

参考文献　/ 148

一　漫话石油测井

上天、入地是人类探索自然的壮举。凭借中国"天眼"射电望远镜和运载火箭，我们实现了探索"深空"、登陆月球的"上天"梦想。那么，地球深处到底什么样？是否有石油和天然气？有多少油气？一直是科学家孜孜不倦探索的"入地"目标。地球物理测井通过在井筒中发射电、磁、声、核等物理信号，判断地下深部岩石类型、确定储层位置、计算油气含量等。油博士将带领您认识能够实现"入地"目标的测井大家族。

1.1 什么是石油测井？

石油测井

仰望无垠的天空，可以看到鸟儿在空中翱翔，飞机在云彩中穿行，流星悄然划过夜空。俯瞰广袤的大地，除了美丽的山川河流，也曾猜想过地球深部的奥妙与神奇。宇宙浩瀚，听不到那里的声音，看不到那里的身影，但高速的火箭可以护送乘坐飞船的航天员赶往太空。地面之下，深邃无比、资源丰富，但面对坚硬的岩层，人类的探索依然步履维艰。这或许正应了中国的那句俗语"上天有路，入地无门"。

深部地层中隐藏着丰富的油气，但它到底在什么位置？有多少？如何让这些油气喷涌而出？在"洞察"地下油气藏之前，一切皆是谜。既然人类不能亲自深入地下一探究竟，那么如何破解地下数千米深处的秘密？科学家想出了一个办法：先用锋利的钻头在坚硬的地层中开辟出一条深入地下的通道——"井筒"，然后用一根被金属外皮严严实实包裹后的长长的导线（称为"电缆"）连接的探测仪器下放到井底，在探测仪器被电缆上拖拽的过程中，地面控制仪器指挥它们向地层发射声、电及核等信号，并接收从地层返回的相应信息，我们称之为测井信息。通过对这些测井信息进行分析和解释，实现对井下油气藏的"洞察"。由于这些测井信息反映了地层电学、声学、放射性等物理特性相关参数，因此，称为"地球物理测井"。

地球物理测井（petrophysical well logging）简称"测井"（well logging），石油人管它叫"石油测井"，是依据电、声及核辐射等相关物理学原理，在直径只有十几厘米、深达数千米甚至上万米的井中探测发现石油、天然气和其他矿产资源的学科。通常情况下，采用电缆或钻铤将测量仪器送入井筒内完成对地层物理参数和井筒工程结构的测量，所以也称井筒地球物理或井中地球物理（borehole geophysics）。

地球物理测井要完成对深部地层的测量任务，除了井下测量仪器外，还必须有电缆和地面控制系统（图1.1）。井下测量仪器一般由发射、接收以及

控制仪器在井中位置的推靠组件等部分组成。电缆的作用主要有三点：一是负责向地下输送仪器，即通过重力和适当来回提拽克服井壁不平、不直和局部坍塌造成的阻力把仪器安全送入井下；二是将下到井里的仪器从指定深度匀速上提完成测量任务，并将仪器安全提出井口；三是负责给测量仪器供电以保证仪器正常工作，并把测量数据通过电缆缆芯及时传回地面。打个比方，下井仪器好比天上测量的卫星，而地面控制系统则与航天控制中心类似，负责遥控指挥。

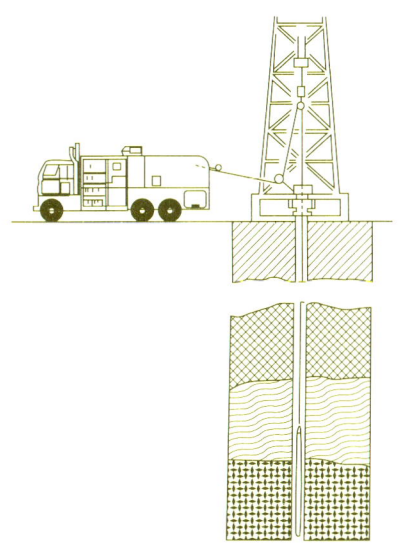

图 1.1　地球物理测井示意图

地球物理测井能够穿越地层，从数千米井下"洞察"在地面"看"不到或者"看"不清的各类油气藏。它不但能够准确确定油气藏在地下的埋藏深度，而且能够精确计算出地下会有多少油气，准确判断这些油气是否能够被采出地面，等等。因此，地球物理测井被誉为地质学家深入地下的"眼睛"，是寻找地下油气资源的重要手段。

石油和天然气通常埋藏在地下几千米深处，人类不可能像神话故事中的土行孙钻到地底下毫不费力去寻找油气，而需要借助专门的仪器到地下"探索"。医生会针对患者病情使用不同仪器进行各种检查，这些仪器是利用电、声、核、核磁共振等物理性质检查人体器官的病变。当地层中含有油气时，地层物理性质会发生显著变化，这些变化就如同"病变"，可以借助仪器深入井中去测量地层物理属性，发现"病变"的位置，即确定油气层位。

钻井的深度范围很大，井内是黑暗、潮湿、高温、高压等恶劣环境，不可能直接观察地下油气藏的特征。然而，通过地球物理测井就能对地下地层信息了如指掌。简单地说,在黑暗的井下世界里,测井就像一双"明亮而智慧的千里眼"(图1.2),可以去观察地层、寻找油气等,这就是地球物理测井所起的巨大作用!

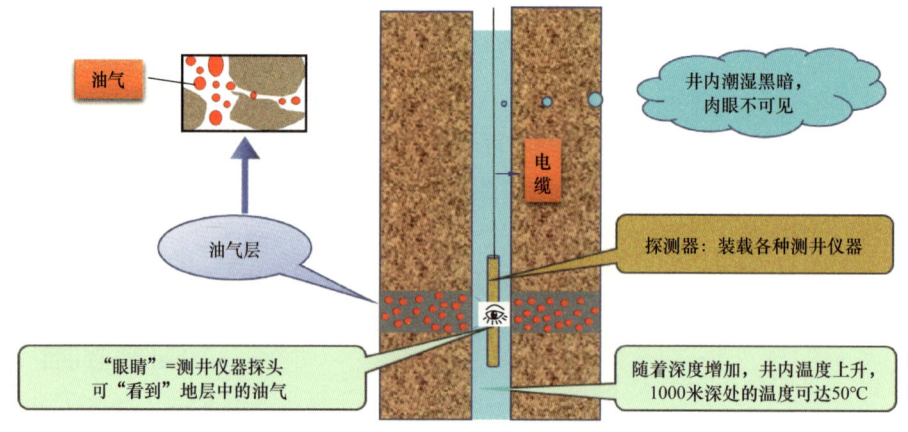

图1.2　深入地下的"眼睛"——地球物理测井示意图

1.2　世界第一次测井

为了生存,人们很早就学会了挖井取水。在没有先进的地下水探测技术时,人们无法知道地下水藏在哪里,只能从地面去寻找地下水存在的痕迹,例如找到地面上常年有水流出或者比较湿润、野草生长旺盛的位置,然后往下挖个很深的坑,往往就能找到清澈长流的泉水。人们从地下寻找油气是近一个半世纪以来的事,刚开始时,寻找油气的方法与找水非常类似,看看哪个地方冒油或者冒气泡,就在这个位置往下钻个孔,然后"顺藤摸瓜"寻找油气。然而,根据地表油气苗寻找地下油气藏的方法并不是每次都能奏效,很多时候则是"竹篮打水一场空"。由于绝大多数油气藏在地下很深的位置,不会自己流到地面,因此,为了寻找人们生产、生活所需的更多油气必须借助一些探测手段。

要想找到油气，首先需要思考利用哪种方法能够把油气和水分开，只有找到了区分它们的一个标志才能有效识别。由于油气与水中导电离子的含量不同，因此，两者的导电性存在很大的差异，油气的导电性不好、电阻率高，而水的导电性好、电阻率低。同一块岩石，完全含水和完全含油时的电阻率具有很大的差异，因此，可以利用地下储层的电阻率特征来推断其中是否含有油气。世界上最早寻找油气的方法就是利用电阻率特征识别油气的方法。

20世纪20年代，法国的康拉德·斯伦贝谢（Conrad Schlumberger）和马歇尔·斯伦贝谢（Marcel Schlumberger）两兄弟，一个是工程师，另一个是科学家，他们一起通过仪器测量地层的电阻率，判断砂岩中是否含有油气，并以此为基础发明了电阻率测井方法。1927年9月5日，在法国东部阿尔萨斯地区的佩彻布朗，斯伦贝谢兄弟与一个叫道尔（Doll）的人一起将三根普通电线像小女孩编辫子一样编在一起，做成电缆，然后通过手动绞车把一个简单的电极系放到了488米深的井中，测出了世界上第一条测井曲线（图1.3）。利用这条电阻率曲线，他们成功地找到了含油砂岩。

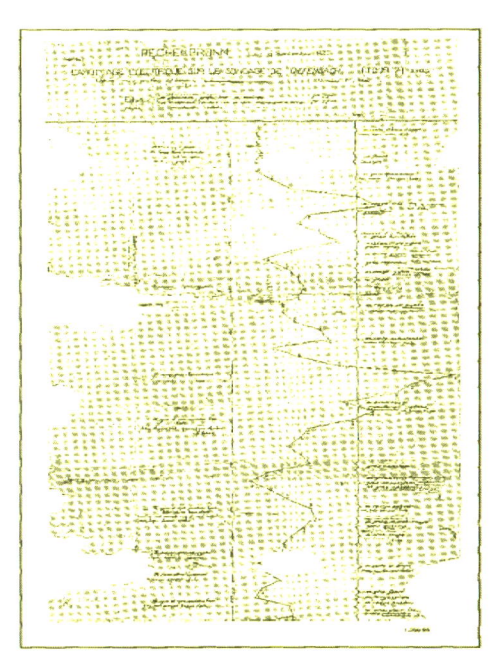

图1.3 世界上第一条测井曲线

世界上第一条测井曲线的出现，标志着现代地球物理测井学科的诞生。后来，斯伦贝谢两兄弟成立了专门进行油气测井技术服务的公司，这就是世界著名的斯伦贝谢公司。图1.4是斯伦贝谢公司使用的第一辆测井车。

图 1.4　第一辆电缆测井车

1.3　中国第一次测井与测井工作者

法国斯伦贝谢兄弟的发明催生了一门崭新的学科——地球物理测井。1939 年，著名地球物理学家翁文波先生（1912—1994）开创了中国测井事业的先河，在中国石油发展史上竖起了一座里程碑。翁文波先生是我国测井学科的创始人。1912 年 2 月 18 日，翁文波出生于浙江宁波，1939 年在英国伦敦大学帝国理工学院获博士学位，回国后受聘于当时因抗战迁到重庆的"中央大学"（现南京大学），担任物理系教授。1947 年，翁先生发起成立中国地球物理学会，先后担任学会副理事长和理事长。作为发现大庆油田的主要贡献者之一，1982 年翁先生荣获国家自然科学奖一等奖。翁文波曾任第三届全国人大代表和第五、第六、第七届全国政协委员。图 1.5 和图 1.6 为 20 世纪 40 年代的翁文波先生及其履历手迹。

"1939 年 12 月 20 日，时任'中央大学'物理系教授的翁文波先生和助教高淑奇去石油沟油矿 1 号井开展电测井试验。他们用两根普通电灯皮线作为电缆，每隔 1 米扎上麻绳，作为深度记号；他们从'中央大学'物理教研室借来的一般电工仪器,在井内每米记录一点,首先测量出井内自然电位(地下水溶液中含盐浓度不同,并且不同岩性地层对离子的吸附能力不同,因而产生自然电位),然后用干电池供电,测量出地层视电阻率。测得的数据用手工绘制成测井曲线。通过分析测量情况,在该井中发现了高产气层。经试气证实,测定的气层位置是正确的。这是我国首次使用测井方法勘探天然气获得成功的例子。"

图1.5 20世纪40年代的翁文波先生(左1)

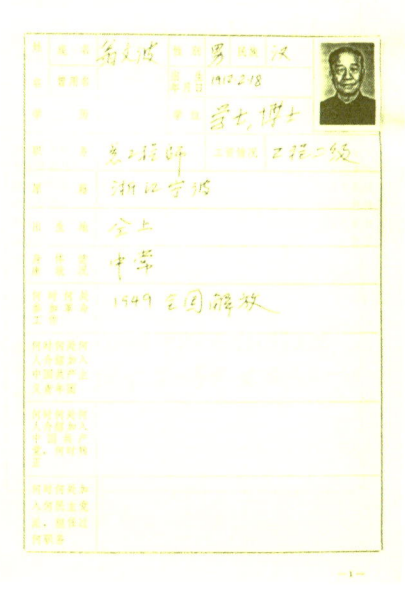

图1.6 翁文波先生履历手迹第一页

上面这段文字摘自已故著名测井专家谭廷栋先生《测井的回顾与展望——纪念我国测井诞生50周年》一文。这篇文章发表在1989年第3期《地球物理测井》杂志上(图1.7、图1.8),它真实记录和描述了翁文波先生当时在油田现场所做的开创性测井工作。

关于石油沟油矿1号井测井时间的确定还有一段鲜为人知的故事。1989年,中国石油学会测井专业委员会决定隆重举行中国测井诞生50周年系列庆祝活动,其中包括在《地球物理测井》杂志上刊登翁先生的亲笔题字和纪念文章。要写文章,首先要确定第一次测井的准确时间。由于谁也说不清,所以需要去问翁先生，加上还要请翁先生题字，这两个任务就很自然地交到了李宁身上。

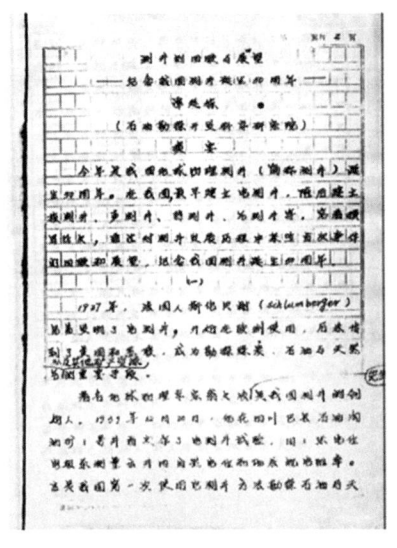

图1.7　谭廷栋先生文章送审稿
（张广敏抄写清稿，修改处为谭先生手迹）

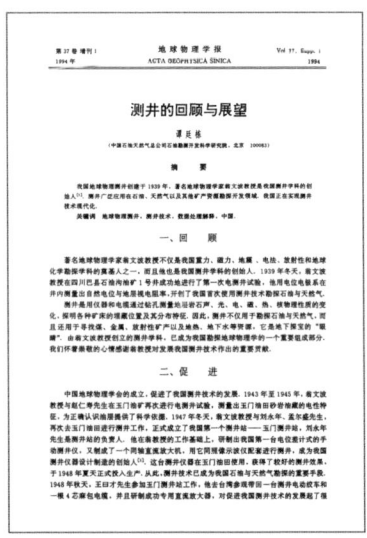

图1.8　谭廷栋先生文章正式刊出版面

李宁是华东石油学院[今中国石油大学（华东）]勘探系测井77级本科生，是翁文波院士和谭廷栋先生培养的我国首位地球物理测井学博士。因工作与学习的需要，李宁经常往返于石油勘探开发研究院和鼓楼附近翁先生的家。这次李宁是专程为此事去找翁先生，向自己的导师求证他当年第一次测井的确切时间，并请他在方便的时候为期刊题字。翁先生听清来意后笑了："五十年喽，哪里记得呦！印象嘛，马马虎虎有一些。因为在准备过元旦，那天应该离1940年的1月1日不远。"说到这儿翁先生下意识摇摇头："不确定，记不清喽。"李宁闻言后思忖了一下，试着建议道："您看定为12月20号行吗？"翁先生非常爽快地答道："我没意见，同意！"

返回单位后，李宁将访问经过和这一结果向谭廷栋先生进行了汇报。谭先生当即将这一日期通报给测井专业委员会的其他几位德高望重的老前辈。经协商，大家一致拍手赞同。于是，1939年12月20日就这样被正式确立为"中国测井诞生纪念日"。翁先生专门为此兴致勃勃地提笔写下了"敬贺测井创建五十周年"的贺词（图1.9），勉励中国测井人继续前行。现在李宁已经成为中国工程院院士，他不忘初心，正带领测井界同仁继承发扬老一辈地球物理测井学家艰苦奋斗的革命精神，为推动测井学科的创新发展而持续努力。

说到中国测井学科的前辈，还得讲讲赵仁寿先生、刘永年先生和王日才教授以及其他老一辈测井工作者（图1.10）。

图1.9　1989年第3期《地球物理测井》杂志封二刊登翁文波先生的题字

《测井技术》1977年创刊，1989年更名《地球物理测井》，1992年恢复原刊名《测井技术》

赵仁寿
（1905—1983）
我国地球物理学会的发起人之一，长期从事石油勘探和教育工作

刘永年
（1920—1995）
中国石油地球物理装备奠基人，主持建立了我国第一个电测站

王日才
（1923—2016）
中国石油地球物理测井专业教育奠基人，研制出"测井电模型"

图1.10　中国测井发展历程中的几位专家

赵仁寿（1905—1983），江苏镇江人，为我国地球物理测井事业的发展奋斗了一生，做出了重大贡献。他是我国地球物理学会的发起人之一，曾任中国地球物理学会理事。1934年毕业于"国立中央大学"，长期从事石油勘探和教育工作。新中国成立后历任西北石油管理局勘探处副处长、石油地质局地质处副处长、石油工业部西安地质调查处副处长。1957年，调北京石油学院（现中国石油大学）任教，受到广大师生爱戴。

刘永年（1920—1995），四川巴县（现重庆市巴南区）人，中国石油地球物理测井装备奠基人，国产多线自动电测仪发明创造者，原西安石油勘探仪器总厂副厂长兼总工程师，中国地球物理勘探仪器研发生产基地——西安石油仪器厂的主要创建者之一。1940年，刘永年毕业于金陵大学（现南京大学）电机专科。1947年，在玉门油矿建成中国第一个电测站——老君庙电测站，首次将地球物理测井技术用于石油勘探、开发。1958年，成功主持设计多线型自动井下电测仪，1965年获国家科委创造发明一等奖。1992年获"石油工业有突出贡献专家""陕西科技精英"称号，评为国务院有突出贡献专家。

王曰才（1923—2016），石油地球物理测井专家、石油教育专家，中国地球物理测井专业的始创者之一，被测井人尊称为王先生。他是新中国测井技术从手工操作到计算机控制逐步发展的见证人和实践者。王先生早年留学日本，1946年毕业于日本九州帝国大学采矿系，同年9月在该系读研究生。1948年秋留学归来，在台湾苗栗油矿实习后，从台湾带回一台电动绞车和电缆，在玉门油矿进行测井，开始了石油地球物理测井工作。他研制出的"测井电模型"提高了油层的识别准确率，获石油工业部重大科技成果奖。

1954年，石油工业部决定在北京石油学院创建第一个石油测井工程专业。当时，在国内没有专门的测井专业，仅在20世纪50年代初期办过一期测井培训班，北京地质学校培养过一届测井专业中专生。王曰才承担了创建测井教研室、开设测井专业课的工作。后来，张庚骥等前辈陆续加入测井教研室，经过艰苦奋斗建起了实验室，先后编写出《矿场地球物理方法及仪器设备》《电法测井》《非电法测井》《测井资料综合地质解释》等教材。

1957年，北京石油学院等石油院校的第一批测井专业学生毕业。他们一部分留校，充实了地球物理教研室师资，其他分配到全国各石油厂矿及地质部。随后，我国地质、矿业等相关院校，如长春地质学院、北京地质学院等，陆续开设测井课程，为国家培养了一批又一批的测井技术人才。至此，测井学科如雨后春笋，逐渐发展壮大，为中国石油工业的发展做出了巨大的贡献。

1.4 测井发展话今昔

从 1927 年斯伦贝谢兄弟测出了世界上第一条测井曲线到现在 90 多年时间里，测井技术从简单的单电极测量仪逐步演化成了集成化的测井系列，利用电、声、核、光、磁等各种物理原理，采用先进信息传输技术，能对地层剖面进行多参数高精度测量。通过对测井数据进行综合分析与智能解释，实现了对油气层的精细评价，为油气勘探开发提供了重要资料和依据。

根据各个时期数据采集系统的特点，测井技术的发展大致可分为模拟测井、数字测井、数控测井和成像测井四个时代（图1.11）。

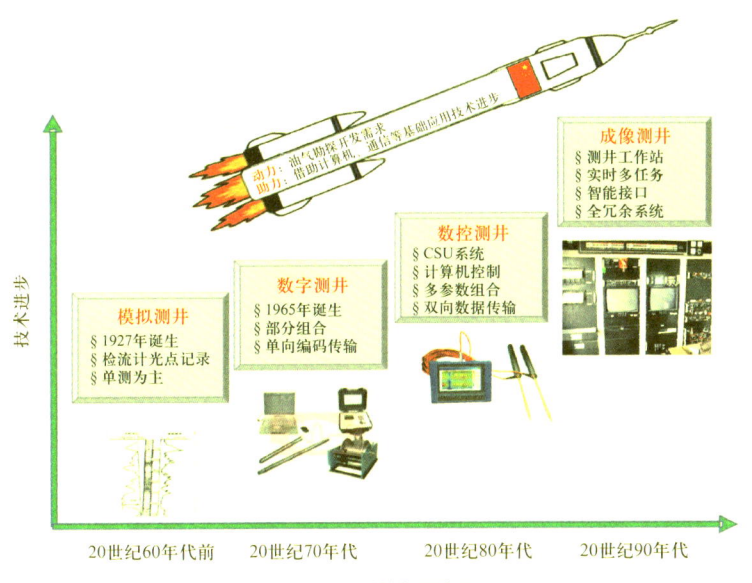

图1.11 测井发展阶段

模拟测井时代（1927—1964年）。1927年测井技术诞生后，提出了不同的测井技术。1931年意外地发现了自然电位测井。当钻井液为不导电的油基钻井液时，直流电测井无法使用，迫使人们进一步探索，法国人道尔（Doll）提出感应测井方法。1949年，道尔设计的感应测井仪器在美国得克萨斯州某油田7号井中记录了第一条感应测井曲线。在声波测井方面，美孚（Mobil）石油公司和壳牌（Shell）石油公司在20世纪50年代早期独立地发展了声速测井。1952年，萨默（Summer）和布罗丁（Broding）提出了单发双收声波测井仪。1964年，斯伦贝谢（Schlumberger）公司研发出双发双收井眼补偿声波测井仪。放射性测井又称核测井，开始于20世纪30年代末，美国和苏联首先使用自然伽马测井方法评价地层和区分岩性，60年代后发展了一系列核测井仪。在模拟测井时期，测井仪器采集的信息通过光点照相的方式记录在胶片上。

数字测井时代（1965—1972年）。与照相类似，在数码相机出现以前，照片大多采用胶片保存，当照片数量很多时，保存起来非常麻烦。数码相机出现后，采用U盘等存储设备不仅保存、浏览照片非常方便，而且保存照片的数量也大大增加了。

随着测井工作量增大，测井采集的信息越来越丰富，模拟记录已不能满足资料处理的需要。20世纪60年代初，人们开始研制数字化测井地面仪及井下仪器。1965年，斯伦贝谢公司首次利用磁带记录仪记录了数字化的测井数据，宣告数字测井的诞生。

数控测井时代（1973—1990年）。数字测井解决了测井信息的存储问题，但是还没有解决采集过程的控制和资料的处理问题。20世纪70年代中期，斯伦贝谢公司的CSU（Cyber Service Unit）系统投入商业应用，开创了数控测井时代。测井地面仪由通用计算机系统、专用电子接口及专用测井软件构成，测井工程师通过计算机及控制系统实现了仪器交互。地面采集仪器是由车载计算机和外围设备组成的人机联作系统，可以完成对井下仪器测量数据的采集和实时记录，并能在井场进行快速直观分析。数控测井系统是20世纪80年代最先进的测井设备。

成像测井时代（1990年以后）。在成像测井出现前，测井仪器记录均为一维曲线信息，也就是说在一个深度点只有一个对应的信息。能不能像拍照片一样，在井下一个深度点沿着井周测量多个信息，从而用图像方式显示地下储层在二维空间的物理属性分布？

1986年，斯伦贝谢公司开发出第一代成像测井仪器——微电阻率扫描成像测井仪。利用测量结果可以得到二维图像，使人们对地下情况的认识更加直观，这是测井技术的一次飞跃。成像测井井下仪器主要有四类：电成像、声成像、核磁共振成像和井下光学照相。成像测井资料可用于确定地层倾角，评价裂缝、断层、孔洞，描述薄互层、地层各向异性和非均质性，还有其他地质工程应用，等等。成像测井使得测井对油气藏的描述更加准确，为复杂油气藏的高效勘探和开发提供了重要支撑。1990年后，成像测井快速推广应用。

2000年以后，科学技术日新月异，数据科学突飞猛进，全球科技正朝着数字化、信息化、智能化方向迅速发展，人工智能在石油勘探开发领域中得到广泛应用，并显现出巨大的潜力。油气勘探开发智能化和测井技术智能化已经成为发展的必然趋势，新一代智能测井时代已经到来。智能测井主要包括采集系统智能化、数据解释智能化两大部分，前者以智能芯片、智能控制、井下机器人等为标志，后者以数据科学、机器学习、智能反演等为标志。

> **小贴士**
>
> 测井智能解释以多学科数据融合为基础，将机器学习、反演理论等引入传统的测井解释流程中，通过数据驱动与物理模型、地质知识融合，可以帮助测井解释人员快速挖掘隐藏在测井数据中大量、丰富、有效的地质信息。

1.5 "人丁兴旺"的测井家族

测井是在井筒中对地层剖面进行电、声、核物理等参数测量的总称。测井的方法很多，可以从不同的方面进行分类。按物理原理总体上可以分为电法测井、声学测井、核测井等多种测井方法。通常把在钻井完成后进行的各种测井方法称为裸眼测井。在井中下入套管，这种井被称为套管井。为了监测剩余油变化或把握油气藏"脉搏"，需要在套管井中进行测量，这种测井方法被称为套管测井。套管测井又包括生产测井和工程测井。上述测井均是采用电缆把测井仪器送入井下通过提拽完成测井数据采集，这些方法被统称为电缆测井。此外，在大斜度井或水平井中，由于电缆测井很难将仪器送到指定位置，需要将测井仪器安装在钻杆上，在钻头上安装"传感器"，在钻井的同时完成井眼定向、储层参数及钻井信息的测量，并将测量结果实时送到地面进行存储和处理，这种测井方法被称为随钻测井。这些形形色色的测井技术组成了一个庞大的测井家族，每一个成员在石油勘探开发过程中都不可或缺（图1.12）。

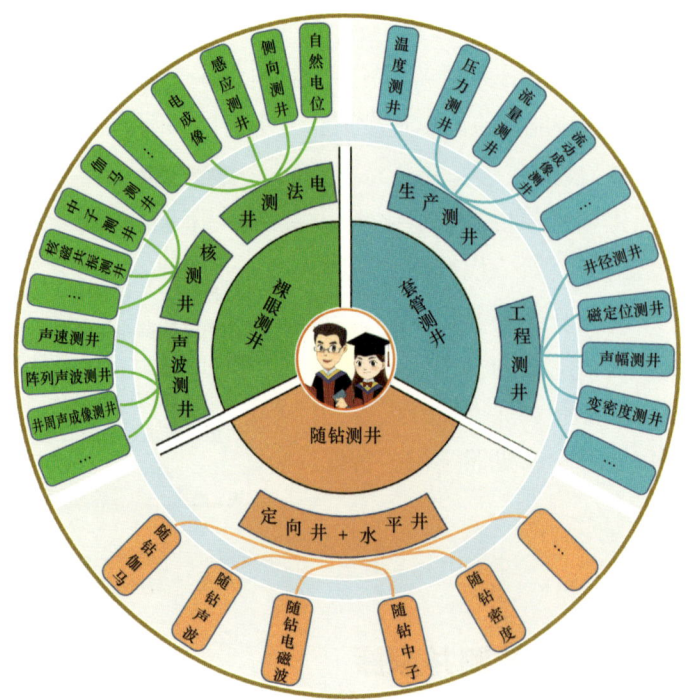

图1.12　测井家族示意图

给地层做"心电图"的电法测井。当提到"电"时，可能首先想到的就是家里的电灯及其他各种电器所使用的生活用电，其电压高达220伏，这种电压较高，很危险，绝不能触碰。然而，自然界很多物体都会带电，包括我们人体。比如，人的心脏在收缩与舒张时，有微弱的生物电产生，在身体表面不同部位探测其电位变化，就可以得到心电图。地层的孔隙中由于表面吸附、浓度差异等造成"电"，这就是测井中的自然电位。地层不仅有电，而

且能够导电，因此在电极供电情况下，不同的地层还具有不同的测井响应，故科学家发明了通过让井下油层"触电"进行测量的方法，即电法测井。第一条测井曲线就是电法测井完成的，故电法测井是测井家族中的"老大"，在众多成员中辈分最高、地位最重要。电法测井又有很多的"儿孙"，如视电阻率测井、侧向测井、感应测井、阵列感应测井、电磁波传播（介电）测井和微电阻率成像等。这些"子孙"有的在导电性好的钻井液中使用，有的在不导电的钻井液中使用；有的探测的深度深，有的探测的深度浅。总之，它们"武功"各异，能够满足不同条件地层电阻率测量。

听声辨位的声波测井。声音无时无刻不伴随我们左右。生活中声音的作用非常大，物体发出的声音通过周围的介质传递到人的耳朵。我们可以辨别发声体的大致方位、距离远近，这就是"听声辨位"；也可根据发出声音的不同来辨别物体，这就是"听声辨物"。在不同介质中，声音的传播速度不一样。在生活中，判别西瓜是否熟了，经常会用指背去敲击听声，凭声音来判定西瓜的成熟度，就是这个道理。地下岩石是由固体骨架和孔隙中的流体构成的，组成骨架的矿物、孔隙度的大小、孔隙中的流体类型都会影响岩石中声音传播的速度，因此科学家发明了通过测量岩石声音的传播特性来评价地层的方法，这就是测井家族中的另外一个成员——声波测井。在井眼中进行地层探测也是类似的，声波测井仪器发射声波、接收声波，利用声波的到达时间来辨别地层的疏松性和孔隙发育程度。按测井的发展早晚分，声波测井在家族中排行第二，主要有声速测井、声幅测井、阵列声波测井、井周声成像测井等不同的声波测井方法。声波测井可用于确定地层孔隙度、渗透率、裂缝及岩石力学特性等。声波测井就像在"倾听"井下油气的"呼唤"。

给地层做体检的核测井。当提到"核"时，人们就会想到核武器、放射性，就会联想到氢弹、原子弹，顿生恐惧。任何事物都有两面性。除了核爆炸的巨大危害之外，核也可科学地利用为人类生产生活服务，如医院里拍X光片、测骨密度等都利用了原子核的放射性。在井下人工产生放射性射线，当放射性射线在不同地层中传播时，射线的衰减是不一样的，因而在某一位置接收到的放射性射线强度也不一样。依此原理，石油科学家发明了测量地层放射性特性的核测井方法。核测井可揭示地层深处原子和原子核的奥秘，探寻石油、天然气和其他矿藏，被喻为透视地层的"钥匙"。核测井的门类较多，主要有三大类：伽马测井、中子测井和核磁共振测井。为了实时了解身体状况，我们通常会拿体温计测量体温、用血压计量血压，而且每隔一段时间去医院做一个详细的体检。地下储层也一样，如给岩石测"骨密度"的密度测井、与原子弹爆炸原理类似的中子测井、测地层DNA的元素能谱测井、给井下流体测"肺活量"的活化测井等，此外，还有给储层岩石做核磁共振成像的核磁共振测井。与医学核磁共振成像一样，核磁共振测井的物理原理也是核磁共振物理现象，通过测量地层中氢核与外加磁场相互作用，直接测量地层流体（水、油或天然气），测量结果不受"骨架"影响，能直观、准确指示储层位置、流体类型及含量。相对于常规测井，核磁共振测井具有明显的优越性。核测井在地下具有看得细、看得全、看得透等特点，伴随油田从勘探到开发的整个过程，它就像一位经验丰富、火眼金睛的"检查官"，可以准确判断油气藏的动态变化。

上述测井技术主要是针对裸眼井进行测量，用于"寻找"油气层，通常称为勘探测井。在油气开采过程中，为了监测油气井和储层开采程度，还需要在生产井中进行测井，该类测井称为生产测井。

及时把脉地下油藏的生产测井。通过各种测井技术手段在井下找到油气后，要把它开采出来，通常也不能简单地"坐享其成"，等着油气自然地往外流，还必须时刻监测地层的"脉搏"和"身体状况"，了解地下的温度、压力、流速等，制订科学的开发方案，提高油气产量，确保油气生产安全。生产测井是专门用来测量井下地层的油气产量、地层压力、地层温度以及油井技术状况等方面的测井技术，主要包括给地层量"体温"的温度测井、给地层量"血压"的压力测井、测量地层"产量"的流量测井、给井下流体拍照的流动成像测井和给油井做"体检"的井身状况检测测井等。生产测井的最大特点是：测井时，井筒周围有厚厚的铁管（称为"套管"）。在地下几千米的深处，透过套管去诊断地层状况、监测剩余油，是很不容易实现的。现在，通过石油科学家的不懈努力，这些问题已经解决。

监测井健康状态的工程测井。井"身体状况"需要时刻进行检测，出现问题时及时修复，以保证后续测量及工程作业。这种在油气水井生产过程中，对井下技术状况进行检测的技术称为工程测井，主要包括井下管柱位置检测、套管内径变化、腐蚀和损坏状况评价、射孔质量检查及固井质量评价等内容。在多年生产的实践中，人们研究并应用了 20 多种工程测井项目及配套的测井仪器，为井下作业及措施效果监测提供了大量的资料。工程测井主要有声幅测井、变密度测井、水泥胶结评价测井、磁定位测井、井径测井、井下超声电视测井、温度测井、放射性示踪测井等。

随钻测井。随钻测井是在钻井的同时用安装在钻铤上的测井仪器测量地层电、声、核等物理性质，并将测量结果实时地传送到地面或部分存储在井下存储器中的一种测井技术。随钻测井方法主要包括随钻伽马、随钻电阻率、随钻声波、随钻中子和随钻密度等，能够完成地层伽马、电阻率、波速和密度等参数的测量。随钻测井需将测量探头安装在钻铤内，因而仪器在耐高温高温高压、抗振动等方面的要求非常高。

> **小贴士**
>
> 常规测井主要是指在油气勘探开发中经常使用的测井系列，主要包括自然伽马测井、自然电位测井、浅—中—深电阻率测井、声波测井、中子测井、密度测井以及井径测井等，在地层复杂时，还包括地层倾角测井、自然伽马能谱测井等，是测井地层评价和地质学研究所需的基本测井方法，能够提供地层评价需要的基本信息。

1.6　测井系统的进步和测井施工作业

当医生为患者诊断疑难杂症时，会针对患者病情使用现代医学仪器对患者进行各种检查，诸如心电图、B 超、X 射线、核磁共振等，这些仪器是利用电、声、核、核磁共振等物理性质来检查病变的。

由于地下含油气与不含油气地层的电、声、核、核磁共振等物理性质存在差异，因此，在石油勘探中，可以通过在几千米的井中测量地层的电、声、核、核磁共振等物理性质，分析确定哪些储层含有油气以及含油气的多少。把测量上述各种物理性质的仪器组合在一起，以地面计算机为核心实时地对下井仪器进行控制，按照一定的时序对各种物理信息进行采集、传输、处理和快速解释，这就是现代的石油测井仪器系统。

测井仪器的发展经历了一个从简单到复杂、从简陋到先进的过程。最早的测井仪器是一个大的万用表，将测量电极延伸至井下，测量地层电阻，进而换算成电阻率。随着材料、电子、计算机和信息等技术的飞速发展，形成了包括电、声、核、核磁共振等各种测井系列，下井仪器更加丰富多样，测井仪器从单参数测量发展到对多参数信息采集。1927年以来，测井系统先后经历了模拟记录、数字记录、数字控制到今天的成像测井系统。模拟记录使用模拟电路记录数据，数字控制利用数字信号处理器处理数据，数字记录将数据保存在数字储存介质中。成像测井系统结合这些技术，通过测量和处理岩层物理属性数据，生成可视化图像，更加直观地提供地下结构的详细信息，用于石油勘探和开采决策。

整个测井系统主要由下井仪器、地面仪器和连接电缆三部分组成。下井仪器包括电测井仪、声测井仪、核测井仪、核磁共振测井仪，以及测量井身的井温仪和井径仪等。每种下井仪器都装有对被测物理参数敏感的传感器和对被测信号进行放大、处理的电子器件。地面仪器则由主机和前端机以及绘图仪、打印机和显示器等构成，有些测井系统还同时安装资料解释工作站。前端机控制各类数据通道（模拟道、数字道、脉冲道、遥测道等），实现对下井仪器所发送数据的实时采集；主机完成对整个系统的控制和数据处理，并将测量结果以曲线或图像形式显示、打印出来。主机和前端机之间的数据和命令通信通过总线或以太网实现。计算机间形成局域网共享打印机、绘图仪等硬件资源。

测井作业施工时，首先根据油气田的地质特点选择需要测量的物理参数，然后选择相应的下井仪器，并将其挂接在电缆末端，放入几千米深的井中。在电缆匀速上提过程中，操作工程师启动测井系统程序，按时序发出命

令，通过电缆传送给井下仪器，控制井下仪器发射、接收信号。测量数据经放大、编码后，通过电缆传输到地面。地面计算机系统对数据进行一系列处理后，输出随深度变化的各种测井曲线或图像。测井工程师可根据曲线或图像的变化特征初步确定哪些地层含有油气。对于复杂的地层，需把测量的所有数据送计算中心进一步处理、分析和综合解释，称为测井数据处理和解释。

1.7　测井软件是测井数据的"解密器"和"分析师"

利用不同测井方法获得的结果只是一堆数据，怎么能够知道这些数据代表的具体含义呢？这就需要用到测井软件。测井软件就像电报的"解密器"，将人们不熟悉、不理解的符号"翻译"为大家可理解的内容。地球物理测井是利用不同储层及不同流体在电、声、核等方面的差异来寻找油气的方法。打个比方，一个碗空着（装空气）和装满饭时，敲击它们会发出不同的声音，人们通过声音就能大致推断碗中盛没盛饭。基于同样道理，当地层中存在油气和不存在油气时，测井测量的物理响应不同，这就如同不同的敲击声音对应碗中不同的物品。通常情况下，随着地层厚度的增大、测量井数的增多，数据总量将急剧增大。那么，面对海量的测井数据，如何从中挖掘有用的信息呢？

当处理、分析的数据比较少时，可以直接通过手工完成；再复杂一点的可以借助计算器；当数据量进一步增大，手工和计算器就算不过来了，这时候必须采用专门的计算机数据处理分析软件，如 Excel 等。测井数据的处理也与此类似，要实现海量测井数据的处理、分析，必须借助计算机和专门的测井软件。测井软件是运用各种分析方法进行资料处理、解释及储层评价的重要工具，是挖掘和处理海量数据信息的引擎。

测井数据的"解密器"。测井仪器测量的电、声、核等各种地球物理参数并不能直接指示地下是什么岩石，岩石里面含有多少水、多少油。为了获得这些信息，必须利用测井软件对测井数据进行处理、计算。这一过程，类似于接收加密电报：测井数据就像接收的加密电报，测井软件就像"解密器"，要想得到地层信息（电报内容），必须利用解密器进行解密。

测井数据的"显示器"。通过对各种测井数据进行处理或计算，可以获得指示地层特性的数据，但是这些数据依然只是数字和看不懂的图像，怎么能够一眼就看出这些数据代表的地质含义呢？这就需要靠测井软件来完成。地层评价不仅仅使用测井解释获得的地下的数字和图像，还需综合利用其他信息，如钻井、录井、物探、地质和试油等资料。对于区域地层评价，不仅仅针对一口井进行测井解释，还需要利用研究区其他井的测井数据，在一个立体空间里面对储层进行多井评价。这就像期末考试时，爸爸妈妈不仅要看你的语文成绩，还要看你的数学成绩、英语成绩等好几门课的成绩后才会说你到底考得好不好。测井解释时，要利用多种资料，有时还需结合生产情况，将油藏静态评价转向动态分析，提高油藏评价的准确性。这就像平时评价饭店饭菜一样，要从美观、味道等多个方面进行综合分析才能给出准确评价。因此，没有测井软件，就难以对这些海量数据进行处理，进而获得储层的整体认识。测井软件就像是一个立体动态显示器，正是因为有了它，看到的才不是一堆干瘪的数字和图像，而是一幅幅栩栩如生的地下场景。

测井数据的分析师。"顺藤摸瓜"，这个成语的意思是顺着瓜藤便能找到瓜，比喻根据发现的线索，便可发掘事件的真相。而测井解释就是顺着测井资料及与地层相关性这个"藤"，去寻找油气这个"瓜"。当"藤"的分支比较多或者"瓜"长在一些细枝末节等偏僻位置时，"顺藤摸瓜"并不是一件容易的事情。随着油气勘探开发目标日益复杂化和隐蔽化，已有的解释方法难以准确描述储层，往往摸了半天也找不到"瓜"，或者要摸很长的"藤"才找到一个小小的"瓜"，造成油气勘探效益低，不能满足实际生产需要。

人工智能技术给各行各业带来了革命性的变革，也为测井技术的发展提供了强大的技术支持。利用人工智能技术，可以将已知的知识和经验输入电脑里面，等到下次再有相同或相似的数据时，就知道它代表什么了，就像遇到不认识的字可以查字典是一样的。人工智能能够帮助测井分析人员挖掘出更深层次的地质信息，大大提高海量数据信息挖掘的广度和深度。此时，测井软件就像一位"智能助手"，能够帮助解释人员找到地层中那个最大、最甜的"瓜"——油气层。

以前，测井解释常用国外的 Techlog、Geolog 软件等进行地层评价。现在，我国自主研发的新一代测井软件 CIFLog 已成为装机量最大、年处理井数最多、全部关键核心技术都掌握在自己手中的行业重器，该软件可以处理从地下获得的大量数据，找到更多的油气（图 1.13）。

图 1.13　国产大型新一代测井软件 CIFLog

1.8　探寻存储油气的"仓库"

利用专业软件对地球物理测井数据进行处理后，根据处理结果和地质学知识可以准确预测油气层在哪里，这就是探寻存储油气的"仓库"。

确定储集流体的"仓库"。能够用来存储油、气、水的"仓库"称为储层，找准"仓库"的位置是油气勘探最为关键的一步。这就好比钓鱼首先需要找到小溪、河流或者湖泊等有水的地方，而不能去辽阔的草原或风沙吹卷的沙漠！储层之所以是存储油气的"仓库"，一是因为它具有存储流体的空间，这些空间称为空隙或孔隙；二是油、气、水既能从外面进入这个空间，也可以从这个空间"跑"出去，当然，进出空间是需要通道的。

那么如何利用地球物理测井数据寻找储层呢？测井科学家们用他们勤于思考的大脑去解决了这个问题。如前面所说，与非储层相比，储层的地球物理测井信号存在"异常"，找到这个"异常"位置就找到了储层。以电阻率测井为例，电阻率测井这个"眼睛"有个特点，可以调节焦距，可清晰看到远、近距离的物体，测井中称这只"眼睛"为双侧向电阻率测井：一个探测的深度深，称为深侧向测井；另一个探测的深度浅，称为浅侧向测井。储层的渗透性高，钻井液容易侵入；非储层段渗透性低，钻井液难以侵入。由于钻井液的电阻率较小，因此，深侧向测井电阻率读数与浅侧向测井电阻率读数之间有显著差异，而非储层段没有差异。因此，电阻率测井用来有效划分储层。

当然，测井中还有如自然电位、核磁共振等多种探测"眼睛"。正是有了这些不同的"眼睛"，才能穿破井中的黑暗，了解油气储层的奥秘（图1.14）。

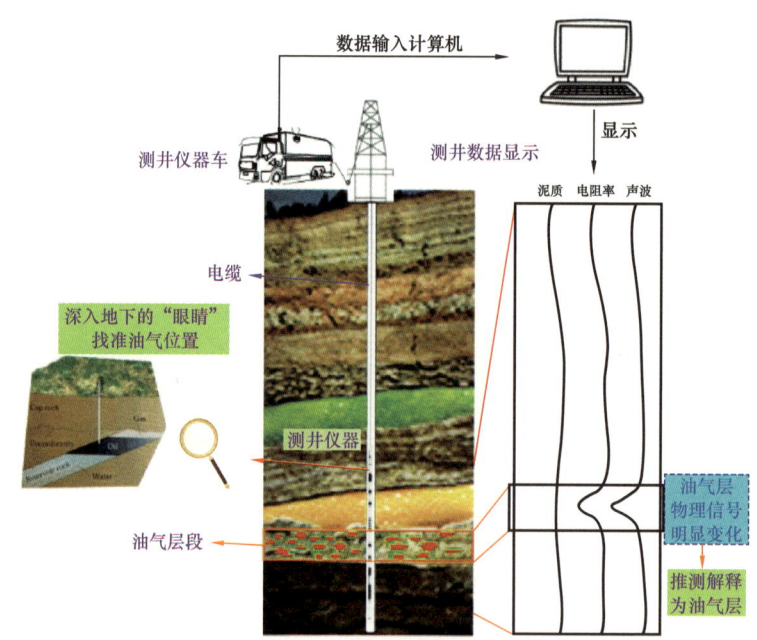

图1.14 油气储层识别示意图

判别流体"仓库"中是否有油气。小溪与河流是鱼的生存之地，但有的小溪、河流中有鱼，有的则没有，因此，找到小溪与河流并不是说就找到了鱼。与此类似，油气存储在"仓库"中，但找到了"仓库"，不一定就找到了油气，还需要进一步判断里面有没有油气以及含多少油气等。当储层孔隙中存储不同流体时，测井仪器的测量结果具有显著的差异，可以根据这个差异对储层流体类型进行判断。仍以电阻率测井为例，油气不导电，含油气时地层电阻率的数值比泥岩和水层高。在水层，电阻率数值较低，甚至比泥岩段还低，据此可以识别含油气层。当然，只有在储层及流体性质简单的情况下，可以仅仅以某种测井响应（如电阻率）确定储层位置和确定流体性质；当地层比较复杂时，则需要结合多种物理属性参数，需要用到多种测井仪器进行测量，通过综合分析，判断储层流体类型。随着测井技术的发展，近年来研发了更为直观地识别流体类型的测井新技术，如核磁共振测井、阵列声波测井。相对于常规测井方法，这些测井新技术具有更高的流体识别精度。由于这些测井新技术测量费用高，因此仅在关键井、重点井中进行测量，并不是在所有的井都测量，以实现经济效益的最大化。

可以看出，地球物理测井就像一双深入地下的"眼睛"，能够"看"到储层在哪里，准确确定油气储层的位置；像一只长长的鼻子，能够"闻"到储层的"味道"；像一双灵敏耳朵，可以"听"到储层的"响应"，辨别其中是油还是气。

> **小贴士**
>
> 配制钻井液用的基本液体是水或油。黏土在水中分散形成的钻井液，即以水为连续相的钻井液，称为水基钻井液；黏土在油中分散形成的钻井液，即以油为连续相的钻井液，称为油基钻井液。大部分钻井场合下，水基钻井液配制方便，使用成本较低。

1.9 油气储层品质的"度量衡"——测井评价

找到油气储层后，油气储层储集空间多大？油气储量如何？油气能否被开采出来？这些问题都需要测井学家来回答。在测井中，需要将测量的物理属性信息转换为更为直观地衡量储层品质的信息，也就是将电阻率、自然电位、声波速度等测井信息转化为包括泥质含量、孔隙度、渗透率和饱和度等在内的地质信息；最后实现对储集空间、油气储量、流体开采能力及储层品质的评价，并综合考虑确定哪些油气储层储量高、易开采，且成本低。

地下油气并非像河流一样在不息地奔流，而是储存在像海绵一样的储层中无数微小的空隙或裂缝中。地质学家把岩石储集流体的能力称为孔隙性，把评价油气储集空间大小的参数称为孔隙度。那如何知道地层中岩石孔隙度的大小呢？在测井解释中，可用三种测井方法来间接计算孔隙度的大小，分别为声波时差测井、密度测井和中子测井。

为什么要用那么多孔隙度测井呢？因为每种孔隙度测井方法既各有优势，也存在不足。比如，地层含气时，声波测井曲线就可能会剧烈跳动，这时只能定性判别含气性，用它计算孔隙度就不准确了，而密度测井则没有这个缺点，因此需要采用不同的孔隙度测井方法。

岩石中的油气就像人体的血液，具有流动性。流动性好坏决定了油田的生命力，就像人体血管，需要保持畅通。评价油气输运特性最为直观的参数就是渗透率，这是油气开采难易的重要指标。这就好比疏松的海绵，它有很多空隙，能够存水；这些空隙相互连通，水能轻松地流进、流出，具有很好的渗透性。但渗透率不能通过测井仪器直接测量得到，通常使用经验公式获得。例如，Coates 公式是常见的渗透率计算方法，此经验公式只要知道孔隙度，则可计算出渗透率。当然，针对不同岩性的地层，其渗透率计算公式也是有所变化的。

油气储层含油（气）量通常用含油（气）饱和度进行描述。它是测井解释和地层评价的重要内容。研究发现，孔隙度一定的岩石中，油气饱和度越高，其电阻率越大；完全饱和水时，孔隙度越大，岩石电阻率越低。

美国壳牌公司的石油测井工程师阿尔奇（Archie）在 1942 年发表论文，首次揭示了纯岩石含油气饱和度与岩石电阻率、孔隙度以及地层水电阻率之间的关系，并提出了计算饱和度的公式。从此，将电阻率测井和其他测井信息结合就可以计算油气饱和度了，实现了对饱和度的评价。但不同岩性的油气藏评价,采用的饱和度模型是不同的。

可以看出,地球物理测井评价好比储层品质的"度量衡",就像一把"尺子",能够"丈量"出油气储层的空间大小、输运能力和油气含量,实现储层品质的定量评价,如图 1.15 所示。

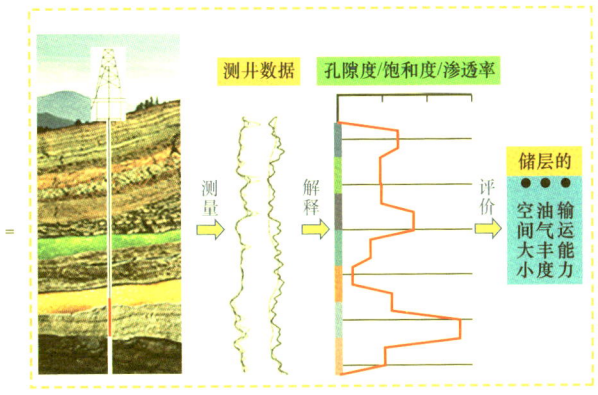

图 1.15 油气储层品质的"度量衡"

二 给地层做"心电图"的电法测井

心电图大家都做过,那么地层能做心电图吗?怎么给地层做心电图?给地层做心电图能发现油气吗?油博士将带领您解答这些问题。

2.1 坚硬的岩石能导电吗？

电阻率测井

金属可以导电，酸、碱、盐的水溶液也能够导电，那么地下坚硬的岩石能导电吗？回答这个问题之前，先来看看岩石的组成。大家看到"石头"时，是不是觉得它们坚硬无比且"油盐不进"呢？事实上，岩石总体可以分为骨架和孔隙两部分，骨架就像盖楼房的水泥框架，孔隙就是供人们活动的空间，只不过岩石中骨架占据了绝大部分，而孔隙所占的比重很小。组成岩石骨架的矿物大部分是造岩矿物，如石英、云母、方解石等，这些造岩矿物的电阻率非常高。除造岩矿物外，有些岩石骨架中还含有石墨、黄铁矿等导电矿物，但含量通常很低。因此，可以认为岩石骨架是不导电的。

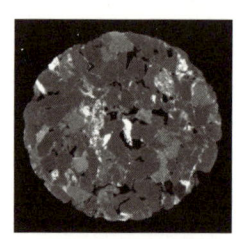
图 2.1 直径 2 毫米的岩心在分辨率为 1 微米下的 CT 切片图像

岩石孔隙的尺寸一般很小，难以用肉眼直接看到，但利用显微技术，比如采用与医院给人体拍片类似的 CT 仪器，就可以清晰地观察到岩石中纳米尺度（1 纳米约为头发丝直径的万分之一）的孔隙。坚硬的岩石高倍放大后（图 2.1）看起来竟然像是疏松的海绵，神奇吧？

地下岩石形成后，这些孔隙最初都被盐水（石油科学家称之为"地层水"）充满。地层水盐类矿物的主要类型是氯化钠、氯化钙等。氯化钠？这不是大家天天炒菜用的食盐吗？没错，就是它。因此，经验丰富的石油工作者用舌头轻轻舔一下岩石，便可知道地层水的类型、含盐量的多少。

地层水含盐量的多少与地层形成的背景息息相关，低则数千毫克每升，高则几十万毫克每升。在漫长的地质演化过程中，远处的石油、天然气通过地下通道不断发生运移，孔隙中可以流动的盐水就会被赶跑，而孔隙中不能流动的那部分盐水则被顽固地"封印"在岩石内部，石油科学家称这种难以被赶跑的水为"束缚水"。

岩石骨架的电阻率非常高，但由于岩石孔隙中含有能导电的盐水，因此看似坚硬的岩石也可以导电（图2.2）。自然界中的岩石可以分为沉积岩、岩浆岩和变质岩三大类，不同类型的岩石，其矿物组成、孔隙发育情况存在很大差异，其导电能力的强弱也不一样。

图2.2 金属、盐水和岩石导电示意图

常见岩石类型中，沉积岩中的泥岩、砂岩及砾岩电阻率低，岩浆岩中的花岗岩、正长岩等电阻率高。另外，即使岩石类型、孔隙大小相同，孔隙完全含水、部分含水（部分孔隙含油气）时导电性的差异也非常大（图2.3）。因此，地质专家们便想出了通过测量地下岩石的电阻率来寻找石油天然气的奇妙方法。原来，地下坚硬的岩石借助束缚水不仅能导电，而且利用其导电性还能探索地下许多秘密呢！

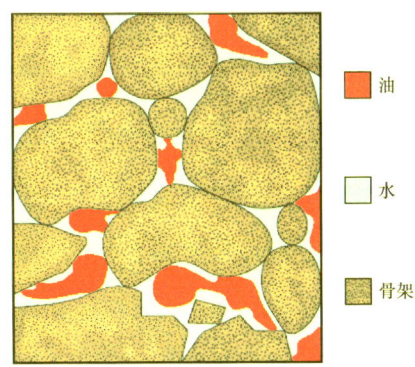

图2.3 岩石孔隙中的流体分布示意图

> **小贴士**
>
> 束缚水是指在油气层所在地层压力条件下，孔隙中不能自由流动的水。根据束缚水形成的内在原因，可以将其分为薄膜束缚水、黏土束缚水以及毛细管束缚水。准确计算束缚水含量是测井储层评价的重要内容之一。

2.2 什么是岩石的导电性？

简单地说，岩石的导电性就是指岩石允许电流通过的能力。根据电学理论可知，描述导电性的参数主要为电导率，其倒数为电阻率。以测定岩石导电性为主要目标的测井方法被称为电阻率测井，这是电法测井的主要内容。因此，对岩石导电性的理解十分重要。

根据欧姆定律可知，要想得到电阻，就必须测量电压和电流。为此，首先要弄清楚岩石中的电流是如何产生的。电流是电荷定向移动产生的，金属导电是自由电子的定向移动，而岩石导电则主要是孔隙内地层水中导电离子移动产生的，因此，影响地层水带电粒子移动速度的因素都对岩石导电性具有影响。

此外，与金属导电不同，储层岩石作为典型的多孔介质，就像是一块饱含盐水的"海绵"，其界面现象十分显著。由于电化学作用，在孔隙与岩石骨架的分界面会出现双电层，这些双电层会影响孔隙中电场的分布，因此，导致双电层形成及分布的因素也会影响岩石整体导电性。

影响岩石导电性的主要因素包括岩石的孔隙结构、流体性质、泥质、导电矿物以及裂缝等（图2.4）。岩石的微观孔隙结构控制了流体的体积与连通程度，是决定岩石导电性最核心的因素。孔隙中流体的性质，如润湿性、矿化度等，对岩石的宏观导电性具有显著的影响。裂缝是影响岩石导电性的一个重要因素，能够让电流在岩石中轻松流动。导电矿物的含量、黏土矿物类型及泥质分布形式等也会影响岩石骨架的导电特性，进而影响岩石整体的导电性。

看到这里可不要对"影响"一词有什么误解，在这里并不意味着贬义，它代表着各种因素与岩石导电性之间的相关性。

> **小贴士**
>
> 润湿性指液体在固体表面铺展的能力或倾向性，属于岩石—流体综合特性。当岩石表面存在两种非混相流体时，润湿相流体会自动驱开另一种非润湿相流体而占据岩石的表面。油气勘探中，因储层类型及形成的地质环境不同，通常有水润湿、油润湿和中等润湿几种情况。

正是因为这些因素与岩石导电性之间具有相关性,才能"顺藤摸瓜",通过研究、分析储层岩石的导电性进而进行孔隙结构分析、流体性质识别、饱和度评价等。

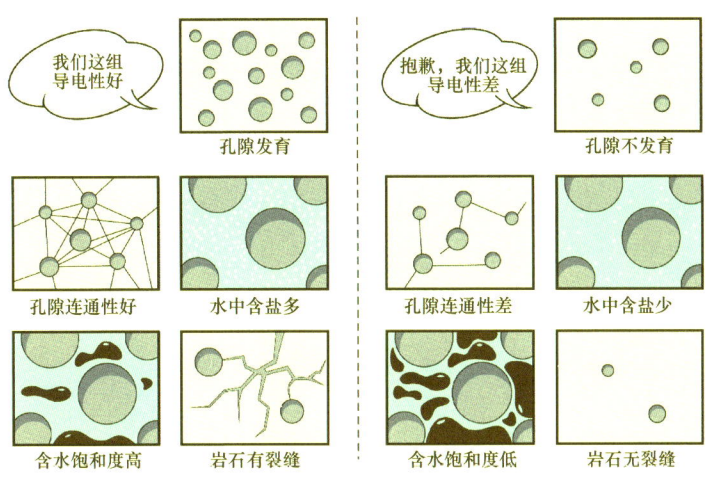

图 2.4　影响岩石导电性的主要因素示意图

2.3　正负对比的自然电位测井

　　大地作为导体,不仅可以传导电流还可以产生电流。早期的电测井是将电极系放到井下,为电极人工供给电流的同时,在地面用电位计测量电极间电位差的变化。在测量过程中发现,供电电极停止供电后,在提升电极过程中,当跨过地层界面时,仍然能够观察到电位计指针的变化。此现象表明,在无外加电场时,地层也可以自己产生电信号。因此,研究人员进一步完善了电测井方法,形成了自然电位测井。

　　俗话说,酒香不怕巷子深,这主要是因为浓香的酒分子可以扩散到深邃的巷子里,即分子具有由高浓度区域向低浓度区域运动的趋势。与气体类似,液体也具有扩散作用,即使在同一种液体中,浓度差的存在也会产生扩散。从化学实验中可知，当浓度不同的氯化钠溶液用半透膜隔开时，会发生离子扩散，即高浓度盐水中的离子会穿过半渗透膜运动到低浓度区域。

只要存在溶液浓度差，氯化钠溶液中的钠离子和氯离子都会发生扩散，但这两种离子的迁移率不同，氯离子速度更快。因此，在半透膜的低浓度一侧负离子增多，呈现负电荷；而在高浓度一侧正离子增多，呈现正电荷。此时，若把连接电位计的两个电极分别放到高浓度和低浓度溶液中，便可观察到电位计指针的变化，这便是由扩散作用产生的自然电位，称为扩散电动势（图2.5）。在油气井中，渗透性地层孔隙中会有盐水，其矿化度浓度常常高于井内钻井液，因此，在正对渗透性地层处，井壁钻井液一侧呈现负电荷，而渗透性地层呈现正电荷。

离子扩散是产生自然电位的原因之一，吸附、压差、氧化还原等也会引起自然电位。在油气勘探中，地层产生的电信号主要是扩散、吸附产生的自然电位，如图2.6所示。根据钻井液的不同，自然电位曲线可能呈现"负异常"或"正异常"。

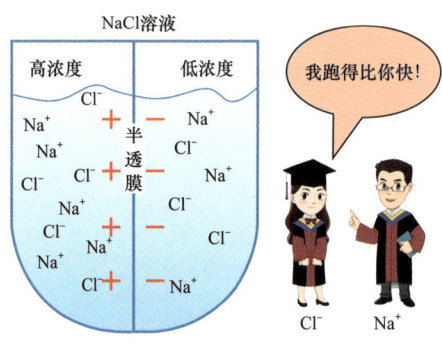

图2.5 扩散电动势原理示意图

地质学家通常将泥岩的自然电位作为基线，根据砂岩自然电位与基线的偏离程度来判断储层渗透性的高低：偏离程度越大，渗透率越高；偏离程度越小，渗透率越低。由于油、气、水大都贮藏在孔隙性好、渗透性好的地层中，因此，在地层中应用自然电位测井曲线的幅度异常找出渗透性地层，然后再结合其他测井曲线分辨油、气、水层。

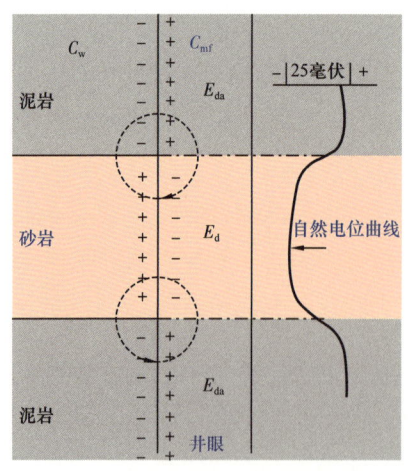

图2.6 井中自然电位分布示意图

> **小贴士**
>
> "负异常"和"正异常":在砂泥岩地层中,若钻井液为淡水钻井液,即地层水电导率大于钻井液电导率,此时渗透层自然电位曲线位于泥岩基线的负方向,称为"负异常";反之,若钻井液为咸水钻井液,即地层水电导率小于钻井液电导率,此时渗透层自然电位曲线位于泥岩基线的正方向,称为"正异常"。

2.4 实现电流可控的侧向测井

在电阻率测井中,从测量仪器供电电极发出的电流进入地层,在地层中传播一定距离后,再回到仪器的测量电极。由于地层孔隙发育情况、流体类型、饱和度等对流过的电流均产生影响,因此,可以利用测量到的电阻率反过来分析地层的孔隙、流体及饱和度等特征。

要想利用电阻率测井分析地层特征,首先需要将电流输送到地层中。测井时,仪器放在充满钻井液的井筒中。当钻井所用的钻井液含盐量高时,钻井液的导电性非常好,井筒相对于地层而言就是良好的导体。此时,如果不对电流的流动方向进行人为控制,供电电极发出的电流将主要通过井眼回到仪器的接收电极,不会进入地层深处,这样就无法探测地层的导电性,也就达不到用电阻率去评价地层是否含有油气、含多少油气等目的。

在电阻率测井大家庭中,电流聚焦测井就是专门针对这种情形而设计的测井方法。由于电流沿电极轴线的侧向流入地层,因此,习惯上称之为侧向测井。侧向测井能够在钻井液导电性比较高时,让仪器的供电电流不顺着井筒输送,而改变方向进入地层,并且还能控制电流进入地层的深浅。

就像平常过马路一样,行人和车辆遇见放置的"禁止通行"的路障,就不会按照原来的路线前进,而选择另外的道路到达自己的目的地。侧向测井的原理也是这样,在井筒中离供电电极一定距离的若干个位置,人为地设置"路障",即"屏蔽电极",使从供电电极发射出来的电流如同行人和车辆一样改变方向，不再顺着导电性好的井筒直接回到接收电极，而是侧向进入地层。

> **小贴士**
> 屏蔽电极：根据"同性相斥、异性相吸"原理，通过发射与供电电极电流相同极性的电流，排斥测量电流，阻止其在井筒中流动，从而迫使电流进入地层。

根据电阻率测井基本原理，电流进入地层后，需要回到接收电极，这样才能利用电阻率携带的信息去评价地层。电流改变方向进入地层后，可以在"路障"（屏蔽电极）的外侧进一步设置回路电极，将流入地层中的电流再次吸引到井筒中，也就是进入回路电极。

侧向测井有深浅之分。当回路电极距离屏蔽电极较近时，电流进入地层后很快便流到回路电极，此时，电流进入地层的深度较浅，这就是浅侧向测井［图 2.7（a）］。当回路电极距离屏蔽电极很远时，电流进入地层后要在地层中穿过很长的距离才能到达回路电极，此时电流进入地层的深度较深，这就是深侧向测井［图 2.7（b）］。图 2.7 中，A_0 为主供电电极，测井时发出主电流 I_0；A_1、A_2 为 A_0 上下布置的两个"路障"（屏蔽电极）；B_1、B_2 为距"路障"（屏蔽电极）一定远处的"高速入口"（回路电极）；深侧向的回路电极在无穷远处；I_0、I_s 分别为主电流和屏蔽电流。

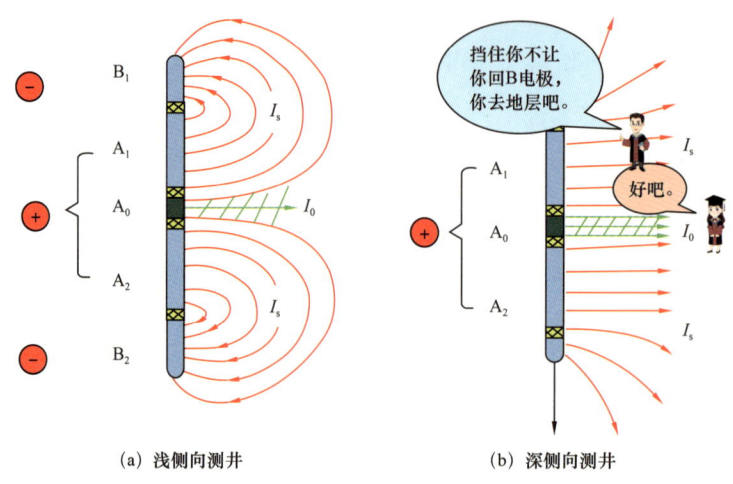

(a) 浅侧向测井　　　　(b) 深侧向测井

图 2.7　深、浅侧向测井仪器结构及电流线示意图

侧向测井经历了几十年的发展，已经成为一种比较成熟的测井方法，形成了包括具有深、浅两种探测深度的三侧向测井（又称三电极侧向测井，它的电极系由三个柱状金属电极组成，一个主电极和两个屏蔽电极）、七侧向测井（又称七电极侧向测井，它的电极系包括七个体积均较小的环状电极，一个主电极、两个屏蔽电极及四个监督电极）。

浅三侧向测井的探测深度一般在 0.33 米，深三侧向测井的探测深度可以达到 1 米左右。侧向测井应用非常广泛，可以用于裂缝和渗透性地层识别、流体性质判断和含油气饱和度定量计算等。

2.5 识别电流位置的方位电阻率测井

常规侧向测井的供电电极和测量电极均为柱状电极，这就使得井眼居中测量时，柱状测量电极接收的电流来自地层的四面八方，不能有效地分辨电流的具体方向。如果把地层中的电流比作光线，把测量电极比作窗户的话，侧向测井的窗户是整个圆柱面都开口的大窗户，这个大窗户吸收了来自地层不同方向的光线。那么，光线进入这个大窗户后，便没有办法利用进入窗户的光线总量来判断某个方向的光线强弱。

为了克服常规侧向测井的上述缺陷，测井仪器专家在侧向测井基础上进一步发展了一种具有方位识别能力的电阻率测井方法，这种方法可以确定电流的方位信息，称为方位电阻率测井。

为了使测得的电阻率具有方位特性，在屏蔽电极 A_2 上，沿 360 度圆周安装了 12 个相互独立的矩形电极（图 2.8），称为方位电极；其次，在方位电极的上下装有环状监督电极（M_3、M_4），每个方位电极定向供以电流 I_i，通过自动控制回路自动调节电流 I_i，使得方位电极的电位与环状监督电极的电位相等。定向电流受 A_2 电极电流聚焦，同时，每个方位电极电流都由其相邻方位电极发出的电流聚焦。图 2.8 中，A_2 为屏蔽电极；M_3、M_4 为环状监督电极；V_m 为电位；I_i 为方位电极电流。

利用上述来自不同方位的12个电流及电位信息，可以得到12个方位侧向电阻率，这就像在圆周上安装了12个窗户，通过每个窗户可以接收来自30度方位内的光线，从而看到窗外360度的风景！也就是说利用这12个方位电阻率就可以对地层进行圆周成像，每个方位电极发出的电流I_i受屏蔽电极A_2和其相邻方位电极发出电流的共同聚焦作用，流入地层深处。根据全方位成像结果不仅能划分出小于1英尺的薄互层，当井周介质不均匀或有裂缝存在时，测量得到的12个电阻率就会有变化，据此可以发现井周地层的非均质性特征，进而评价地层结构、倾角、裂缝等。方位电阻率测井是一种近似的三维测井方法，测得的方位电阻率对地质和采油工程具有重要意义，大大拓宽了侧向测井的应用范围。

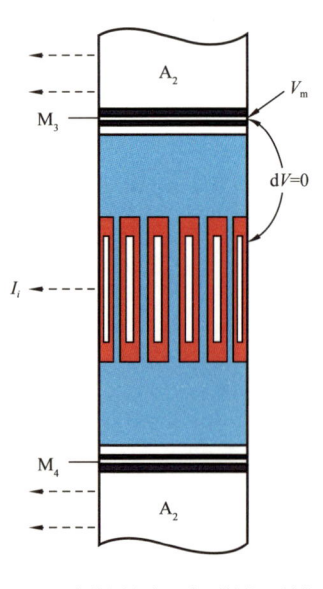

图 2.8　方位侧向电阻率测井仪器结构及电流线示意图

2.6　为地层"拍照"的井壁电阻率成像测井

油气隐藏在地下岩层的孔隙中，在人们去不了更看不见、摸不着的几千米的地下，要想精确地找到它的藏身之所真不是件容易的事。

常规测井方法分辨率有限，对地层结构、构造等特征的反映不甚精准，研究人员分析地层时犹如"雾里观花"，如果能有办法给地层拍张高清照片，那么地层的特征不就一目了然了吗？不过，这可不像给人拍照那么简单，一般的相机肯定是做不到的。为了能给地层拍一张高清照片，科学家们发明了一种神器——井壁电阻率成像测井仪。

井壁电阻率成像测井仪采用侧向测井的屏蔽原理,利用多个极板上的两排纽扣状的小电极向井壁地层发射电流,每个电极接触的岩石成分、结构及所含流体的差异使得每个电极电流不同。反过来,不同电极电流的差异体现了井壁四周各处岩石成分、结构以及所含流体的不同。

随着技术进步,井壁电阻率成像测井(也称地层微电阻率扫描测井)从早期的2极板、3极板,逐步发展到目前的6极板、8极板,且每个极板上的"纽扣"电极个数明显增加,使得其在8英寸井眼中能覆盖井壁80%的面积甚至更高,从而在井周实现对地层的微电阻率扫描测量(图2.9)。

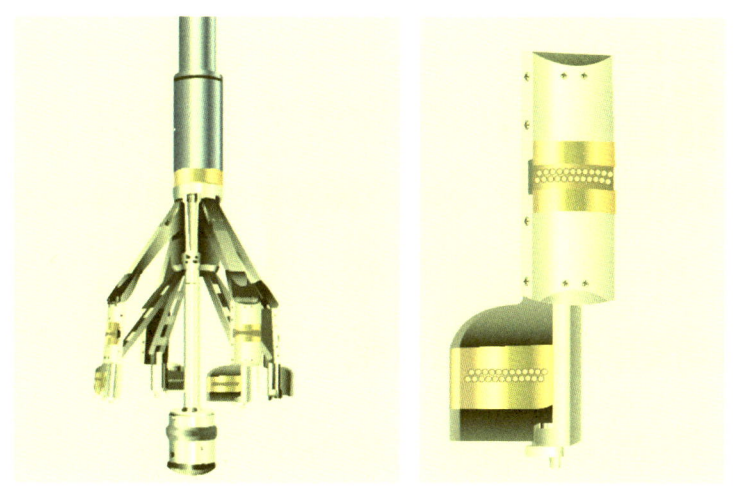

图2.9 井壁电阻率成像测井仪器极板及纽扣电极结构

井壁电阻率成像测井仪测量记录的是阵列纽扣电极的电流信息,研究人员对仪器记录的电流信息进行数据处理后,用一种渐变的色板对测量数值进行刻度,通过颜色来区分电阻率的高低。研究人员将每个采样点的数据变成一种颜色进行成像显示,通常按黑—棕—黄—白顺序进行划分,由黑到白,代表电阻率由低到高,即图像颜色越黑表明电阻率越低,反之颜色越白表示电阻率越高。

石油科学家在井壁电阻率成像测井仪的基础上,进一步研制了全井眼井壁电阻率扫描成像测井仪（8个极板上共有192个电极）。该仪器好比井下"照相机"，可以准确获得井下地层的结构、岩性、裂缝及断裂等特征，在良好的测井条件下，甚至能够识别0.05毫米宽的细微裂缝，真正实现了石油科学家为地层拍高清照片的梦想。

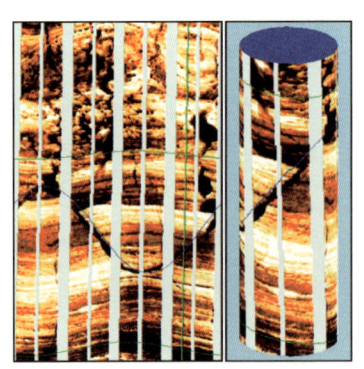

图2.10 井壁电阻率成像测井图像及三维显示

总之，井壁电阻率成像测井可用来识别岩性、断层，研究裂缝、溶蚀孔洞等次生孔隙特征，可以名副其实地让地下岩层实现高清"自拍"（图2.10）。如在四川、塔里木等盆地，研究人员利用这种技术能准确地划分出裂缝发育层段，找出含油气地层。在新疆地区，研究人员用全井眼井壁电阻率扫描成像测井可以准确划分出砾岩地层和火山岩地层，取得了很好的地质效果。

2.7 在涡流中完成的感应测井

前面介绍的电测井方法均属直流电阻率测井。在直流电阻率测井中，为了使供电电极发射的电流能从仪器进入地层中，测井仪器与地层之间必须是导电性介质。

为了平衡地下地层压力并给钻头降温，在钻井过程中，会注入钻井液。钻井液通常有水基钻井液和油基钻井液两种。当采用水基钻井液钻井时，由于钻井液具有良好的导电性，可以满足直流电阻率测井的条件；而当采用油基钻井液钻井时，由于井眼中没有导电介质，无法传导电流，这时直流电阻率测井便不能使用了。这就类似于传统的有线充电技术，要充电必须有导电的导线将待充电器件与电源相连；如果导线中间折断了或者根本没有导线，充电就无法进行。

那么，没有导线连接是不是就不能充电呢？回答当然是否定的。这就需要用到另一种基于电磁感应的无线充电技术。电法测井与之类似，当采用油基钻井液钻井，井眼无导电介质时，可采用另一种电测井方法来测量地层的电阻率，这就是感应测井。

亨利·道尔（H.G.Doll）（图 2.11）从第二次世界大战中的探雷针中得到启示，利用法拉第电磁感应原理，于 1946 年发明了感应测井。

感应测井仪器主要包括发射线圈和接收线圈，这两组线圈之间保持一定的距离（图 2.12）。当发射线圈中通以交流电时，发射线圈周围会形成交变电磁场，并在井周围的地层中产生感应电流，称为涡流，涡流的强度与地层电导率成正比。根据电磁感应原理，地层中的涡流同时会在接收线圈中产生感应电动势，此感应电动势自然也与地层电导率有关。因此，可以根据测得的感应电动势分析得到地层的电导率。

生产中实际使用的感应测井仪器并非一个线圈发射、一个线圈接收的简单结构。常规双感应测井通常采用多个线圈发射、多组线圈接收的复合线圈系结构，即通过"硬件聚焦"改善仪器探测特性，使得仪器具有不同深度探测能力。

图 2.11 亨利·道尔（1902—1991）

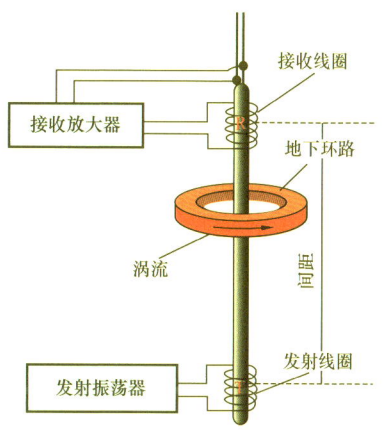

图 2.12 感应测井仪器基础结构示意图

> **小贴士**
>
> 硬件聚焦是利用仪器的硬件（由多个发射线圈和多组接收线圈构成的复合线圈系）实现聚焦功能。若要得到不同探测特性的测井响应，需要设计不同的复合线圈系。
>
> 软件聚焦是指通过信号处理消除各种环境影响，提取地层评价所需的有用测井信息，合成具有不同分辨率和探测深度的多条曲线。

感应测井仪器有很多种，其中阵列感应测井在实际中应用最为广泛，它通常具有一个发射线圈、多组接收线圈，并利用"软件聚焦"方法得到多条不同分辨率、不同探测深度的电阻率曲线。

利用阵列感应测井资料可以准确地划分地层、分析径向电阻率变化和评价地层含油气性等。多分量感应测井则具有多个方向的发射、接收线圈，可采集多个方向的电磁场分量，可用于地层界面识别等。目前，多分量感应测井正处在初步应用和逐渐完善过程中。

2.8 发射无线电波的介电测井

通过测量地层电阻率或电导率来区分油气和水，是电阻率测井的基本思路。然而，在油气开采过程中经常要向地层中注入大量的水和其他流体，将油气"赶"出来，如果注入流体的离子浓度很高，就会使得油气层的电阻率降低，甚至比水层电阻率还低，从而导致利用电阻率或电导率区分油水层的方法失效。另外，即使注入液体未导致利用电阻率识别油水层这一方法的失效，但由于流体的注入，导致无法准确确定地层水电阻率，从而使得利用电阻率测井计算得到的含油量和含气量误差很大。

为了解决地层油、气、水准确"诊断"和饱和度定量计算中的这些"疑难杂症"，需要找到除电阻率、电导率之外其他可以区分不同流体的物理参数。为此，一种新的电测井方法应运而生，这就是高频电磁波测井。

描述介质的电磁特性，除了电阻率和电导率以外，还有一个参数，就是

二 给地层做"心电图"的电法测井

介电常数。具有不同介电常数的物质对电磁波的吸收能力不同。介电常数越大,对电磁波吸收能力越强,电磁波穿过后的衰减越大;反之,介电常数越小,对电磁波吸收能力越弱,电磁波穿过后的衰减越小。

表2.1给出了不同介质的相对介电常数,可以看出,水的相对介电常数远大于各种岩石、油气。尽管水的电阻率受含盐量影响非常大,随着含盐量增大,水的电

> **小贴士**
>
> 介电常数是用于衡量物质储存电荷能力的参数,又叫介电系数或电容率,通常用ε来表示,单位为法拉第/米(F/m)。介电常数代表了电介质极化的差异程度,也就是对电荷的束缚能力,介电常数越大,对电荷的束缚能力越强。
>
> 相对介电常数是介质的介电常数与真空介电常数的比值,用ε_r表示。

阻率迅速降低,然而,水的介电常数则有一个非常奇特的性质——与水中的含盐量无关,也就是说,含盐多的水与含盐少的水,它们的介电常数是相同的。这一独特性质,为地层水电阻率难以确定、油气层和水层电阻率差异小甚至反转等复杂储层测井评价提供了一个绝妙的方法。

表2.1 不同介质的介电常数

介质	相对介电常数 ε_r	介质	相对介电常数 ε_r
石英	4~5	天然气	1
石膏	4.2	石油	2~4
石灰岩	7.5~9.2	水	80
砂岩	4.65	泥岩	5~25
菱铁矿	7.0~7.5	褐铁矿	10~11
闪锌矿	7.8~8.3	方铅矿	18
滑石	4.5~6	金红石	90~170

在生活中可能有过这样的体验,放在客厅里的无线路由器,在客厅里信号非常强,但在卧室里信号就变差了。这是因为无线路由器发射的电磁波经过墙壁时,会与介质发生相互作用,导致振幅衰减、相位改变,就像是一部分被墙壁"吸收"了似的。

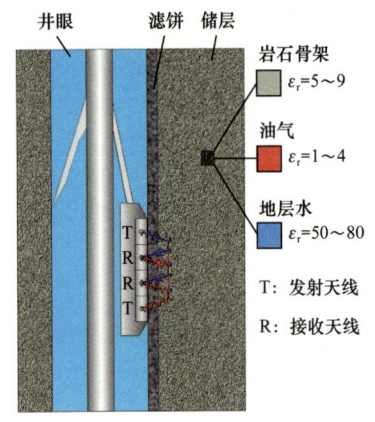

图 2.13 介电测井仪器结构及原理示意图

由于介质对电磁波的吸收能力与介电常数有关,因此,可以利用电磁波的这一特性,通过向井眼周围地层发射高频的电磁波,然后测量该电磁波的衰减特性,进而求取地层的介电常数及其他地层参数,这就是高频电磁波测井,又称介电测井(图2.13)。这种测井方法好比在地层的一端发射"无线电波",在另一端接收。如果事先知道发射端"无线电波"的幅度,就可以通过接收端"无线电波"的幅度来分析"无线电波"穿过地层的衰减、计算地层的介电常数,进而识别地层流体性质、计算含油气饱和度等。

介电测井出现在20世纪80年代初,当时介电测井仪器的发射频率可达1.1GHz,但由于探测深度范围小、信号质量差等原因未得到广泛应用。后来,人们采用多频率、多源距方法,实现了对地层的连续测量,提高了地层介电常数的测量精度。

利用介电测井仪发射的"无线电波",不仅可以解决地层流体"诊断"中的"疑难杂症",还可以对岩石骨架特性、地质结构等进行评价和分析,因此,介电测井在油气勘探开发中的应用越来越广泛。

2.9 不怕金属屏蔽的过套管电阻率测井

大家也许见过生活中取水的水井,在打井时会给井壁加上一层涵管,防止水井垮塌。石油井往往比水井要深得多,在油气开采前也需要在井眼内套上一层"涵管",这就是石油井中的套管,它们都是用金属制成的。在下套管之前,测井工程师会采用电测井的方法向地层中发射电流,测量岩石的电阻率，以此确定地层中是否含有油气，并计算出它们的含量。

当井中下了套管，油气开采一段时间后，地层中油气的含量发生了巨大变化，那么此时应该如何监测地层中流体含量的变化呢？由于金属套管是电的良导体，井眼内产生的电信号很难进入地层，相当于被套管"屏蔽"了，常规电测井方法就无能为力了，这时就要采用一种新的电阻率测井方法——过套管电阻率测井。

过套管电阻率测井的基本思路是想办法测量在套管某个位置泄漏进入地层的电流大小，以及泄漏点相对于参考点的电位。这样就能计算出套管外地层的视电阻率，从而进行油气的识别和计算。

把电源接在套管上时，总会有一部分比例非常小的电流泄漏进地层里，导致穿过套管的电信号减弱。有效追踪并充分利用这部分泄漏电流，可以获取地层的信息，这便是过套管电阻率测井的绝妙之处（图2.14）。

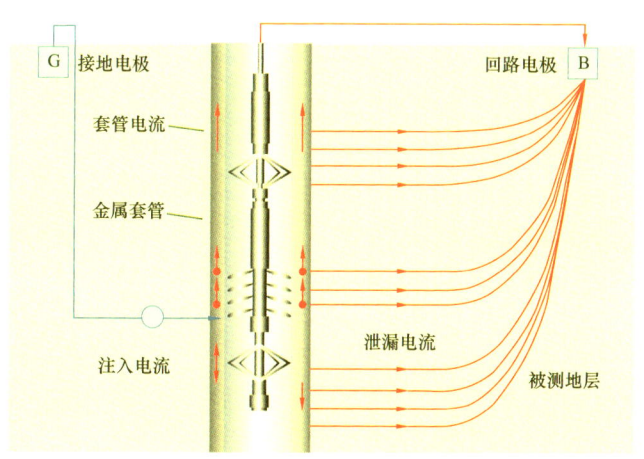

图2.14 过套管电阻率测井泄漏电流示意图

这个想法听起来似乎很简单，但真正实现起来绝非易事。1939年，苏联科学家L. M. Alpin提出了过套管电阻率测井的设想，但由于泄漏电流信号非常微弱，而且当时技术比较落后，没办法验证，更没有办法实现。又过了几十年，美国科罗拉多矿业学院的A.A.Kaufman教授通过研究，证实了通过金属套管可以测量地层电阻率。直到20世纪80年代后期，过套管电阻率测井技术才终于诞生，成为探测地层信息的重要电测井方法。

过套管电阻率测井技术已经比较成熟了，虽然其测量结果受固井质量、井壁完好程度、水泥环厚度等因素的影响，但它不怕金属屏蔽的"独门绝技"能为油层产能接替、水淹状况评价以及剩余油分布等研究提供可靠的地层信息。

2.10 加装了瞄准镜的随钻电阻率测井

传统测井是先通过电缆把仪器下放到井底，然后在上提仪器的过程中测量地层信息，这就是常说的电缆测井。电缆测井在大多数时候是可行的，但当井眼不是垂直钻入地下或者发生井壁坍塌导致井眼堵塞时，电缆测井仪器很难下放到井底，甚至可能发生仪器卡在井下的事故。此外，电缆测井会额外占用现场作业时间，而且无法实时获取钻遇地层的信息。因此，石油科学家想了一种办法，就是把测井仪器放在钻头上，一边钻进，一边获取地层的各种信息，在钻进的过程中，实时环顾四周、寻找方向、收集信息，这种测井方法就是随钻电阻率测井。

由于作为"靶层"的油气层电阻率通常高于其他地层，通过钻井过程中测量钻遇地层的电阻率，测井分析师就可以轻松寻找到符合开发条件的油气藏。同时，由于油气藏和周边地层电阻率存在差异，电磁波在界面会发生反射，因此可以提前调整钻头钻进的方向，使井眼始终在油气藏中穿行。

随钻电阻率测井是一类重要的随钻测井方法，它通过向地层中发射电流或者电磁波，测量地层的电信号。不同于电缆测井，随钻测井多用于大斜度井及水平井中，这样的环境下仪器产生的电磁场在地层中的传播也会更加复杂，使得随钻电阻率测井的资料解释十分困难。因而，随钻电阻率测井技术的发展，代表着仪器制造技术和资料处理能力的进步。

二 给地层做"心电图"的电法测井

为了尽可能多地将地下的油气资源开采出来,一个有效的方法就是让井眼始终在油气层中穿行,从而增加油井与储层接触的时间和空间。但是,由于地下的情况千变万化,地层的界面就像地表一样起伏不平,井眼如果一直朝着一个方向钻进,很快就会进入非储层。

那么有什么好的方法能让钻井工程师时刻了解井眼周围的环境呢?这就涉及随钻电阻率测井的一个重要应用——"地质导向",它利用某些对界面敏感的电磁波信号,就像加装了瞄准镜的狙击枪一样,提前"看到"地层界面的距离和方位,从而指导井眼的钻进方向(图2.15)。

> **小贴士**
>
> 随钻测井(Logging While Drilling,LWD)是指在钻井的同时用安装在钻头上的测井仪器测量地层电、声、核等物理性质,并将测量结果实时地传送到地面或部分存储在井下存储器中的一种方法。与其他测井方法相比,随钻测井不必停钻就能获得大量地层信息,可以节省钻井时间,降低钻井成本。

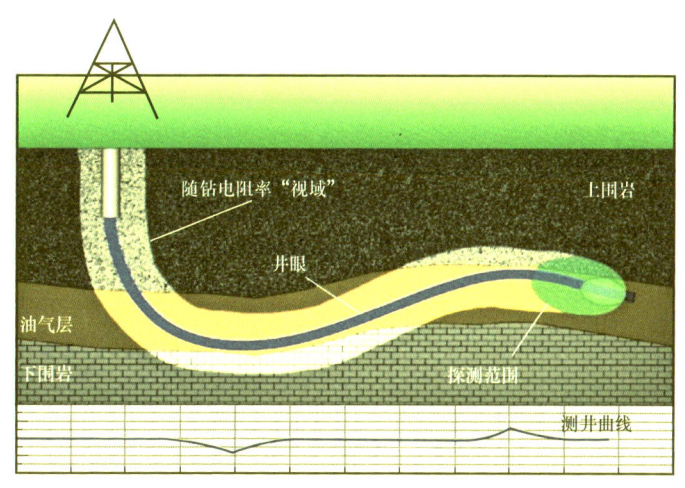

图2.15 随钻电阻率测井与地质导向示意图

近年来,随钻电阻率测井技术飞速发展,科学家们正在朝着让随钻测井"看"得更远、"看"得更准的方向而努力。我国自主研发的随钻电阻率测井技术已经获得重大突破,相信在不久的将来,不仅能够实现该装备的自给自足,而且可以让该技术走向国际、服务全球。

045

三 听声辨位的声波测井

地下怎么会有声音呢?怎么倾听地下的声音?油博士将对以上问题进行解答,破解声波测井发现地下石油的奥秘。

3.1 地下岩石能传播哪些声音？

声音，本质上是一种振动。物体受到敲打就会振动，从而发出声音，比如利用丝弦振动发声的弦乐器、琵琶和小提琴，利用棒的振动发声的木琴和风琴，利用薄板振动发声的锣和鼓，电话听筒中的金属片也是利用薄板发声的。

把一块石头扔进平静的水面，会出现一波波的涟漪，并以同心圆的形式向外扩展。仔细观察能够发现，水并没有随着水波扩散的方向前进，它只是在原位置上下或前后方向上来回摆动。声音也是以这种运动方式传播的。声音从一组分子传递到另一组分子，就像骨牌一样，当其中一个被推倒，推力就会传递下去，使后面的骨牌陆续倾倒。物体的密度越大，声音传播得越快，就像骨牌之间靠得越近，倾倒的速度就越快。因此，声音在固体中比在液体或气体中更易传递并且速度更快。

岩石是由一种或几种造岩矿物按一定方式结合而成的矿物天然集合体，是地球发展到一定阶段，经过各种地质作用后形成的坚硬产物便。不同的岩石具有不同的物理性质，地质学家们可以通过获取声音在岩石中传播的速度，推算出岩石的物理参数，进而识别岩石种类。

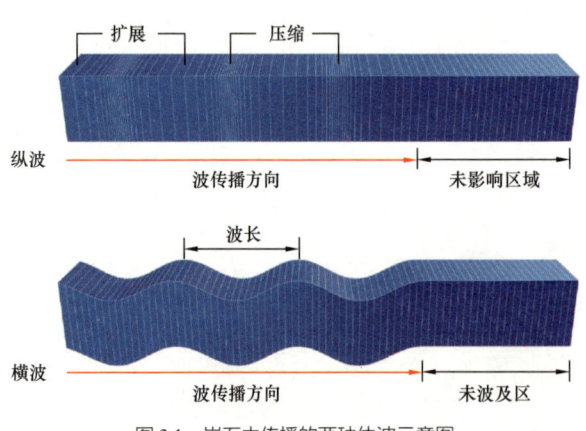

图 3.1 岩石中传播的两种体波示意图

地下岩石中可以传播两类弹性波（图 3.1）：一类是纵波，也称为压缩波或 P 波；另一类是横波，也称为剪切波或 S 波。当纵波在岩石中传播时，岩石沿着纵波传播的方向来回振动，即振动方向与波传播方向相同。当横波在岩石中传播时，岩石沿着与横波传播方向垂直的方向来回振动,即质点振动方向与波传播方向垂直。纵波和横波是在地下岩石内部传播,所以它们又被称为体波。

3.2 测井声波的发出与接收

声波是由物体振动产生,是自然界中普遍存在的一种能量的传播方式,如美妙动听的音乐、人类的说话声、"唧唧啾啾"的鸟鸣、车间机械运转的"嗡嗡"声、按下相机快门发出的"咔嚓"声等。在这些发声现象中都有产生声音的物体,人们把产生声音(振动)的物体叫声源,而把能够接收声音(振动)的物体叫接收器,接收器就像人的耳朵一样可以接收各种外界的声音。

声音必须通过介质才能进行传播,真空不能传播声音,固体、液体和气体都是能够传播声音的介质。声音在不同介质中传播的速度是不同的。在井下人为产生声音,使声音在地层中传播一段距离,再通过接收器接收,根据传播距离和传播时间就可以确定介质的声波传播速度,进而利用声波探测地下岩石及流体的特性。

> **小贴士**
>
> 声波换能器是电声相互转换的器件,可以分为声波发射换能器和声波接收换能器。声波发射换能器是指将电能转换成声能的器件,声波接收换能器是指将声能转换成电能的器件。声波换能器是声波测井仪器的核心部件。

那么如何在井下发出和听到声音呢?在声波测井中,利用发射换能器(通常称为声源)振动发出声音,同时利用接收换能器(通常称为接收器)接收携带了地层信息的声音,因此声波测井就像人的"耳朵",能够"倾听"地下油藏的声音(图3.2)。

图 3.2 1934 年 Brevet 的声波测井发明专利

将声源、接收器和电子线路安装到特制的圆筒中，就形成了声波测井仪器，这样的声波测井仪器就如同人一样具备了发出声音和接收声音的能力。仪器外壳通常采用钢材加工制作而成，呈圆筒状。为了减小仪器外壳对声波能量的影响，仪器还会在声源和接收器中间位置上开槽，使得更多声能量能够"出得去"和"进得来"，这些刻槽也被形象地称为"声窗"（图3.3）。

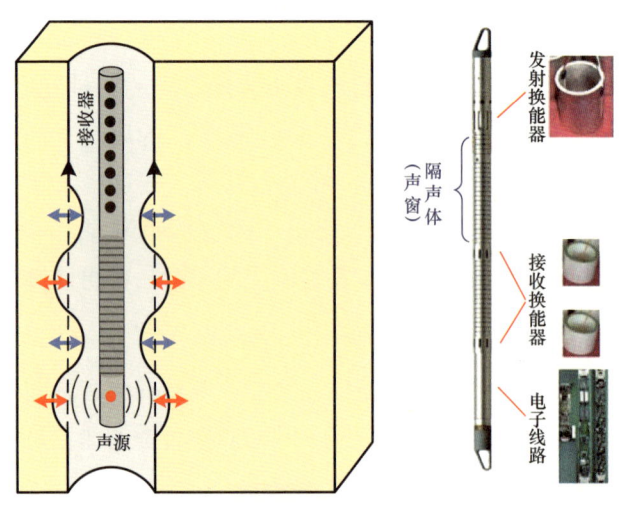

图3.3　声波测井仪器工作原理示意图

因为仪器外壳和井内钻井液的存在，接收器还会接收到大量干扰信号。这些信号会严重影响声波测井波形质量，那么如何消除这些无用信号呢？主要通过在仪器外壳刻上交错布局的凹槽来延迟和衰减沿着仪器外壳传播的声波能量。井内流体的声波速度通常小于地层的声速，加大声源和接收器之间的距离，使传播速度慢的井内流体声振动信号在到达时间上滞后于沿着地层传播的声振动信号，使两者之间在时间上明显分开。这就类似于赛跑，跑100米大家到达终点的时间相差很小，如果跑1000米则到达时间会有明显的区分，井内流体的声波速度就像一个普通人，而地层的声波速度就像一个运动员，当它们同时向接收器冲刺的时候，会形成一个明显的时间差，就可以分辨出这两种不同的信号。同理，各种反射声波信号传播路径较长，衰减较大，在时间上也是滞后于沿着地层传播的声振动信号。

3.3 感知岩石中声音的声速测井

岩石的性质主要是由组成岩石的各种矿物以及孔隙、裂缝等微构造所决定的。通过对岩石声音传播快慢的测量可以获得岩石的整体性质,从而建立声速与岩石各组分之间的关系。

声波测井

声速测井是求取岩石声波速度的重要手段。它利用沿井壁滑行的纵波初至波来求取速度,具有简单方便又能连续观测的特点。如图3.4所示,声速测井仪位于井孔内部,主要由声系和电子线路两部分组成,其中,声系包括一个声波发射器(声源)和两个声波接收器。测量时,声速测井仪由井底连续向上提,声源发射的声波经过井孔内钻井液后入射到井壁上,产生一个沿井孔方向前进的滑行波。该波传播一段距离后返回井孔,被两个接收器接收。两个接收器接收到的纵波初至存在时间差,时间差的大小取决于两个接收器之间的岩石纵波速度;时差大表示声波在岩石中的传播速度慢,时差小表示传播速度快。通过声波速度测井可得到一条声波时差曲线(单位通常为微秒/米)。声波时差的倒数就是声波的速度,这就是声速测井的基本原理和过程。通过对声速测井资料的处理和解释,可以研究地下岩石孔隙的发育情况、孔隙中流体的性质。

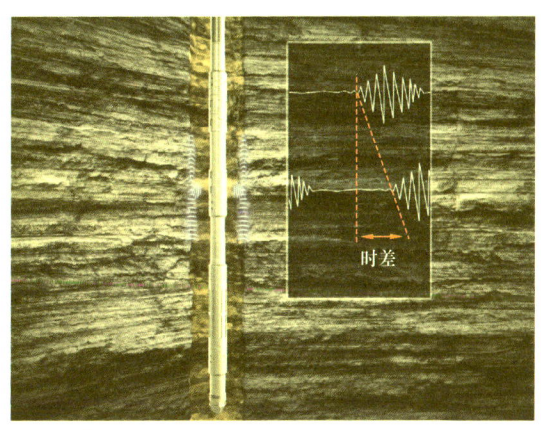

图3.4 声速测井示意图

早在 20 世纪 40 年代，人们便发明了声速测井仪。如图 3.5（a）所示，它仅由一个声源和一个接收器（这就是我们常说的单发单收声波测井仪）组成，通过测量接收换能器接收到的首波到时便能计算出地层中的纵波速度。后来为了提高测量声速的准确度并降低井孔环境的影响，又陆续发展了单发双收声速测井仪以及双发双收补偿声速测井仪，如图 3.5（b）和（c）所示。

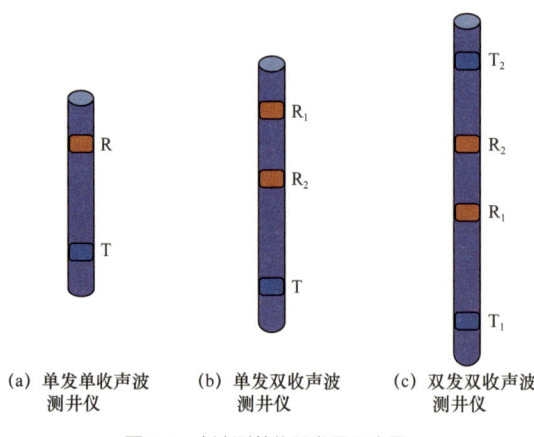

（a）单发单收声波测井仪　　（b）单发双收声波测井仪　　（c）双发双收声波测井仪

图 3.5　声波测井仪器发展示意图
T 代表声源，R 代表接收器

3.4　听到多种波形的阵列声波测井

20 世纪 70 年代后期，阵列声波测井仪研制成功。该仪器中的多个接收器（四个以上）能够接收到多道波形数据，因此人们可以利用信号处理方法获取更为准确的地层纵波速度和横波速度。

> **小贴士**
> 斯通利波：在两种不同介质的交界面上传播的波，因斯通利首先发现并研究它而得名。

最初发明的阵列声波测井仪只提供一种单极主声源，因此也被称为单极阵列声波测井方法。图 3.6 为这种测井方法在井孔中采集的实际测井波形，从中能看到三类截然不同的声波模式：第一类是通过地层运动较快的纵波，其传播速度是最快的，但振幅较小；第二类是通过地层速度较慢的横波，其传播速度比纵波慢，具有较大的振幅；最后一个是具有最大振幅的斯通利波，其传播速度最慢。它们均是沿着井壁传播的声波信号。人们通常利用纵波速度来计算井下地层的孔隙度，纵波和横波结合起来又能计算多种岩石物理参数。斯通利波的传播速度与声波在水中传播速度接近，它能够计算地层渗透率，这是一种对地质学家和石油工程专家特别有用的地层信息。

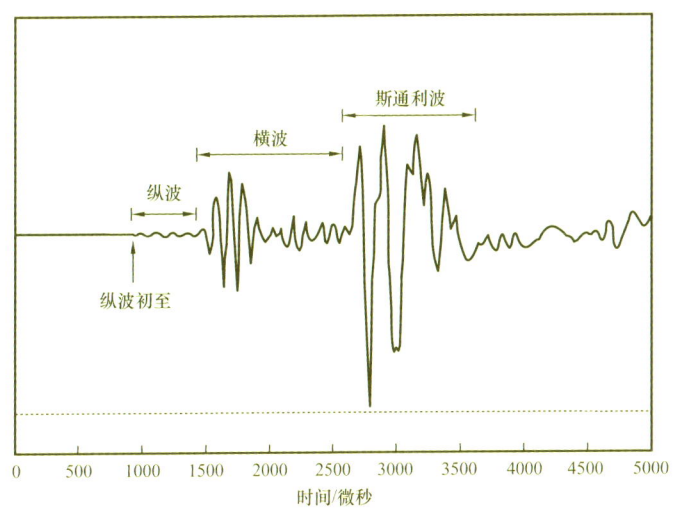

图 3.6　井孔中记录到的典型声波波形

测井专家在研究过程中发现，单极仪器不能测量软地层（地层横波速度小于井孔内流体声速）中的横波速度，而地层横波速度对于石油勘探和石油工程来说又是一个至关重要的参数。因此，从 1980 年起，开始在井下开展包括偶极声源在内的多极声源的阵列声波测井方法研究，即除了一个主声源以外，还有多个子声源。后来，通过实验发现，偶极测井方法能够在软地层下准确测量横波速度。

阵列声波测井仪有单极模式、偶极模式以及综合模式三种工作模式，如图 3.7 所示。单极模式可以获得单极声波测井波

> **小贴士**
>
> 偶极声源：由频率相同、相距很近、振幅相等而振动相位相反的两个点声源构成的振动系统。

形，偶极模式可以获得偶极声波测井波形，而综合模式可以同时测量上述两种模式，获得两种模式的波形。

图 3.7 阵列声波测井仪
T_1 和 T_2 代表单极声源，T_3 和 T_4 代表偶极声源；R_1 到 R_8 代表接收器

3.5 用声音"观看"井壁的声波电视

井眼是地下油气流动到地面的重要通道。那么，这个井眼形状规则吗？井壁表面上有什么东西？专家们能像日常看电视一样，看到距离地面几千米深井下四周的图像吗？对这个问题的回答是：不能，也能。

回答"不能"是因为电视是基于光学成像的，而几千米深的地下是没有光的，因此不能对井壁进行光学成像。回答"能"是因为石油科学家们想到了另外一种方法来获取井下图像，这就是"超声成像测井"，也叫井下声波电视。

超声成像测井主要利用旋转式超声声源对井眼四周进行扫描，并记录井壁反射回来的声波波形。超声声源发出来的声波就像一束"光"射向井壁，在马达驱动下，超声声源在井下 360 度高速旋转，并对井壁进行扫描成像。井壁是由不同类型的岩石组成的，这些岩石的密度和声波速度不同，即声阻抗存在差异。声波在传播过程中，如果遇到了声阻抗发生变化的地方，会发生反射。因此，当超声测井的声源发出的声波到达井壁后，由于不同岩石的声阻抗不同，反射声波的能力也存在差异，这样从井壁上反射回来的声波幅度就有了变化。

除声阻抗以外，传播距离是影响声波幅度的另外一个因素。声波会随着传播距离的增大幅度减小，因而井眼半径的变化会引起反射回波传播时间和幅度的变化。人们能看见这个世界是因为有反射光进入眼睛里，大脑处理以后形成了图像。超声成像测井技术中，声波代替了光，而测井仪器就如同眼睛和大脑，代替专家们观察井下岩石的情况。超声成像测井仪器将测量的反射波幅度和传播时间按井眼内360度方位显示成图像，就可对整个井壁进行高分辨率成像（图3.8）。

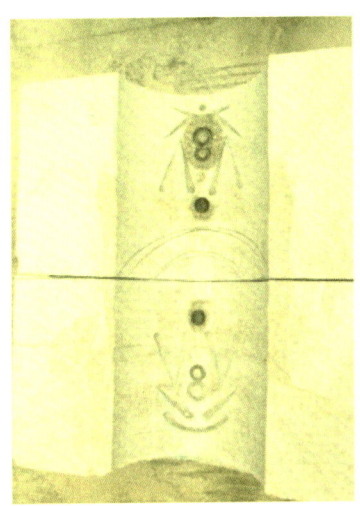

图3.8　超声成像测井彩色成像

井下声波电视可解决下述有关问题：

首先，可以用来判断岩性。由于不同岩石的声阻抗不同，声阻抗大的岩石，反射波幅度大、图像亮，如碳酸盐岩和致密砂岩等；而声阻抗小的岩石，反射波幅度小、图像暗，如泥岩和煤层等。因此，通过对比超声图像与岩心，可以确定不同岩性的图像特征。

其次，可以帮助划分裂缝带。井下地层的裂缝带，在超声成像中通常显示为暗条纹，进而可以根据条纹的变化研究裂缝产状。一般情况下，具有较陡倾角的裂缝在声波幅度图像中显示为明显的黑条纹，在双程旅行时图像中也会有显示，但不如声波幅度图像中清楚。

此外，利用井下声波电视还可以检查射孔质量及套管损坏情况（图3.9）。

在声波幅度图像中，射孔孔眼显示成黑点，黑点的分布反映孔眼的分布；如果黑点间有黑色条纹相连，表明射孔时套管破裂。

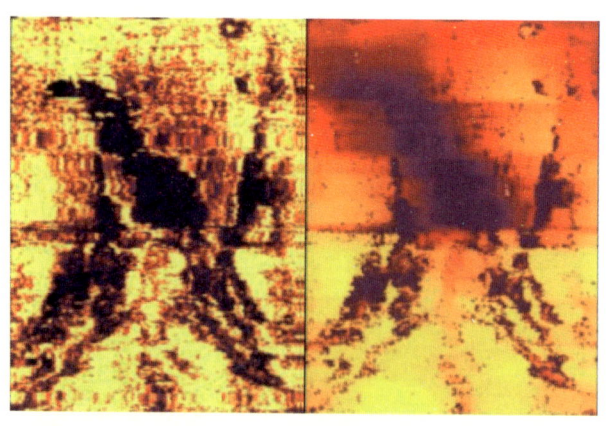

图 3.9 井下声波电视成像

3.6 反射波与远探测声波测井

油气资源主要聚集在地下储层的孔隙中。碳酸盐岩储层中，裂缝和溶洞是两种重要的孔隙类型，其发育情况及空间分布对储层评价至关重要。常规的声波测井技术通常是利用沿井壁的滑行波对地层声学性质进行探测，其径向探测范围为几厘米到几米之间，无法满足人们对井旁几米到几十米等远井壁区域探测的需求。

随着生产发展的需求，测井研究人员设计了一种与滑行波声速测井不同的测井方法，即利用从井旁远处地质构造反射回来的反射波进行测井的方法。如图 3.10 所示，阵列声波测井仪的声源发出的脉冲声波不仅会沿着井壁传播，还会透过井壁界面向井旁远处地层中传播，传播过程中，当遇到地层界面或裂缝等体积较大的异常体时会发生反射，利用多个接收器接收这些反射波信号。利用数字信号处理技术分析这些反射波信号，就可以确定反射体的距离和方位。这就是远探测声波测井方法。

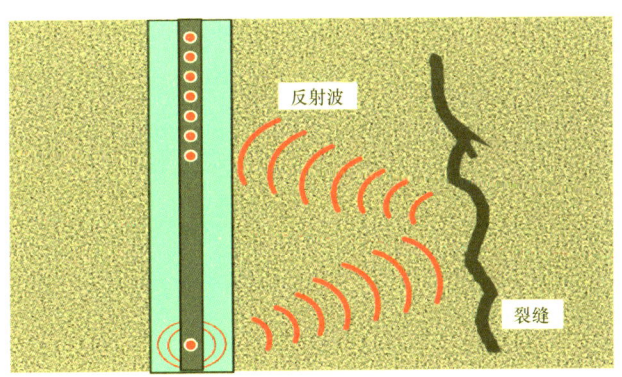

图 3.10　远探测声波测井示意图

远探测声波测井采用的声源和接收器的振动方式有单极模式和偶极模式两种，不同工作方式的探测距离和分辨率不同。远探测声波测井技术中，采用单极振动方式的测量结果不具有方位分辨能力；而采用偶极振动方式的测量结果具有一定的方位分辨能力并且探测距离更远。目前，人们利用远探测声波测井技术已经可以实现对井外 50 米范围以内的裂缝和孔洞分布进行评价，图 3.11 为远探测声波测井处理成果。远探测声波测井技术的出现把常规测井技术的测量范围从井周 3 米以内提升到几十米，填补了常规声波测井和地震勘探之间的探测空白区域。该技术具有广阔的应用前景。

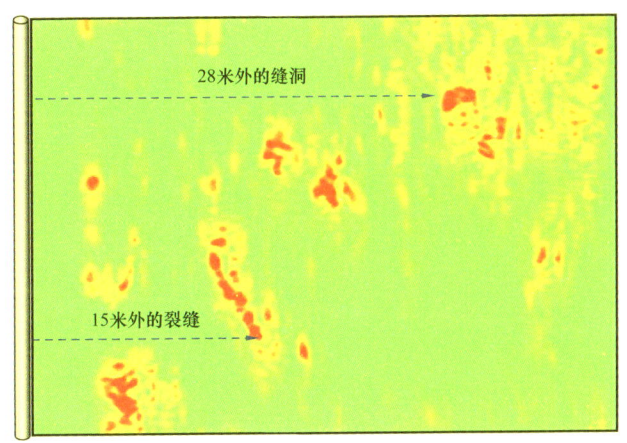

图 3.11　远探测声波测井处理成果

相对于常规声波测井使用的滑行波而言，来自地层深处的反射信号为弱信号，其信号幅度通常会低 1~2 个数量级，因此，远探测声波测井技术推广应用的一个关键环节是对反射波信号的高精度处理与成像。处理方法包括反射波提取方法以及偏移成像方法。反射波提取的目的是"去伪存真"，压制或消除各种类型的噪声，从而凸显出代表缝洞体的反射波信号。反射波成像方法的目的是"时深转换"，将反射波的接收记录时间转换为反射体与井孔的距离，对反射体实施归位和精准成像。

上述信号处理方法，有的是从地震勘探等其他领域引入进来并根据测井的特殊条件加以改进的技术，还有一些是针对测井环境专门研发的技术。无论哪种技术，其目的都是通过一系列的成像处理手段使得对远处地质体的成像更清晰，认识更准确。

3.7　方位远探测声波测井锁定反射体方位

为了更有效地开发储层中的油气，不仅需要知道井外缝洞体在井下的层位、深度，而且还需知道它们在三维空间的延伸方向和相对于井眼的具体方位，从而为钻井提供参考，为压裂、酸化施工提供靶向目标。为完成这些艰巨的任务，仅靠远探测声波测井还不够，带方位识别能力的远探测声波成像测井登上了测井的历史舞台。

人类之所以可以利用耳朵来判断声源的方位，这是因为耳朵排列在头部两侧，到达两只耳朵里的声音是有差异的，大脑就会利用这种差异判断声音的方位。在常规远探测声波测井时，接收器同时记录来自各个方位的所有信息，利用这些资料的处理结果无法区分反射体方位，如同只有一只耳朵无法辨别方位一样，那么如何通过反射波确定反射体的方位呢？

为了实现这个目标，测井科研人员利用沿井眼周向具有 8 个接收方位的接收器取代了常规测井中的单极子接收器（图3.12），这样每一个接收器都会记录来自8个方向的反射波信号，与常规阵列声波测井数据相比，信息量增加到了8倍。当井外地层中存在反射体时，位于8个方位的接收器接收的反射波到达的时间和声波幅度不同，通过对8个不同方位反射波数据进行分析处理就可以判断出反射体的方位。

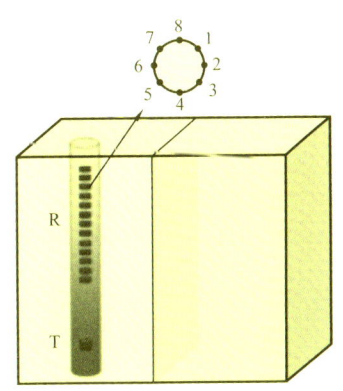

图3.12 八方位接收器示意图

人类利用两只耳朵实现了对声源方位的判断，而方位声波测井有8个接收方位，相当于长了8只耳朵，可以对地层深处的缝洞体方位进行准确定位。

对于方位远探测声波测井来说，裂缝、溶洞、断层、褶皱、岩丘等都是反射体，利用测井数据除了可以识别井旁裂缝带、溶洞区等，还可以探测水平井的储层边界及与井眼相交地层的产状，方位分辨率越高，探测精度越高。

此外，根据方位声波测井的成像结果可以直观感知地下井眼周围的储层发育状态，判断我们急需的油气在井眼周围的哪个方位，从而高效地引导钻井直接钻向油气富集的区域，降低开发的风险。因此，这种测井方法广泛应用于复杂非常规储层油气勘探开发领域。

3.8 确定套管与地层是否粘牢的声幅测井

钻井完成后，地下的油气是不是从钻开的井筒中直接流到地面呢？回答是否定的。如果是那样的话，大量非油气层的水也会跑到地面，那样开采效率就太低了。在油气正式开发之前，都需要在井筒中下入套管进行固井作业。

> **小贴士**
>
> 固井：向井内下入套管，并向井眼和套管之间的环形空间注入水泥的施工作业。固井是钻井过程中的重要作业。

经过固井后的套管被保护起来，然后根据测井评价结果确定油气可能存在的深度段。对想要进行资源开发的层段，需要利用专用的射孔弹将套管壁射穿，弹道穿过套管、胶结水泥、井周地层之后，就可以形成一条连通油气井和地层油气的运移通道。

如果地层与套管之间未被水泥完全填充，油气和相邻层段的水就会窜通混杂在一起，开采上来增加了油气水分离的经济成本和时间成本，大大降低了生产效率。为此，迫切需要一种测井方法，能够对固井质量进行准确评价。测井工程师们想出了一个好办法：根据套管、水泥以及管内流体之间声速和密度的差异，利用井下沿套管传播的声波信号的幅度变化来辨别地层与套管之间是否"粘牢"，这就是声幅测井。

图3.13是声幅测井示意图，接收探头记录的首波信号幅度对套管外水泥的胶结程度非常敏感：胶结不好的层段，水泥缺失，套管首波幅度大；相反，水泥胶结良好时，首波幅度低。在图3.13的下部，声幅曲线呈现低值，表明水泥胶结良好，而中部声幅曲线数值高，表明水泥缺失，胶结不好。

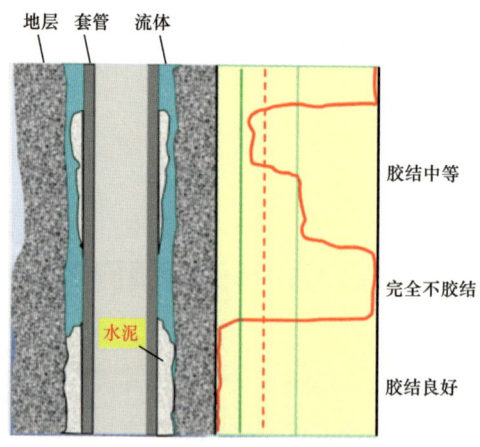

图3.13　声幅测井示意图

固井质量的好坏对油气井资源高效开发利用有很重要的作用,关乎油气井的完整性和油气开采的可持续性,而声幅测井能够对固井质量进行准确评价,因此其对油气安全、高效开发具有重要意义。

3.9　安装人工耳蜗的随钻声波测井

测井是在钻井完成之后进行的,对于一些复杂油气藏,特别是目前正在大力勘探的非常规油气藏,大斜度井、水平井占据了绝大部分。在这种情况下,用传统的电缆很难将仪器放下去,此时就需要使用钻杆把测井仪器送下去,也就是说把测井仪器安放在钻头上,让钻头长"眼睛",一边钻进一边获取地层的各种资料。

随钻声波测井是将发射声源和接收器安装在钻具上,在钻井过程中实时测量岩石弹性参数的测井新技术。这就如同在本没有耳朵和听力的钻井系统安装了人工耳蜗,使钻具可以在钻井的同时测量地层声速,实时监控地层性质,不断校正方向,使弯曲的钻杆像"贪吃蛇"一样,闻着"油味"在地下的油气层中穿梭。这项技术是保证钻井井孔"躺"在油气层中的重要技术手段之一。

如图 3.14 所示,安装在钻具上的声源发射声信号,会同时激发出沿地层传播的滑行波和沿钻具传播的钻铤波。就好比人们说话,发出的声音既能让别人听见,也能让自己听见。滑行波是通过空气传播的方式让别人听到声音,钻铤波是通过自身颅骨传播让自己听见声音。滑行波和钻铤波传播一定时间后再被接收器接收。滑行波携带了丰富的地层信息,是关注的有用信号,而钻铤波属于干扰信号,会影响地层真实信息的提取。钻铤波一直被声波测井研究人员视为阻挠

小贴士

钻铤波:钻铤上声源激发的沿着钻铤传播的直达干扰信号。若不进行隔声处理,钻铤波将会在测井波形数据中占主导地位。

地层有用信号提取的干扰信号,必须将其"消灭"。因此,提出了在钻铤上周期性刻槽的方法来降低钻铤波的干扰。

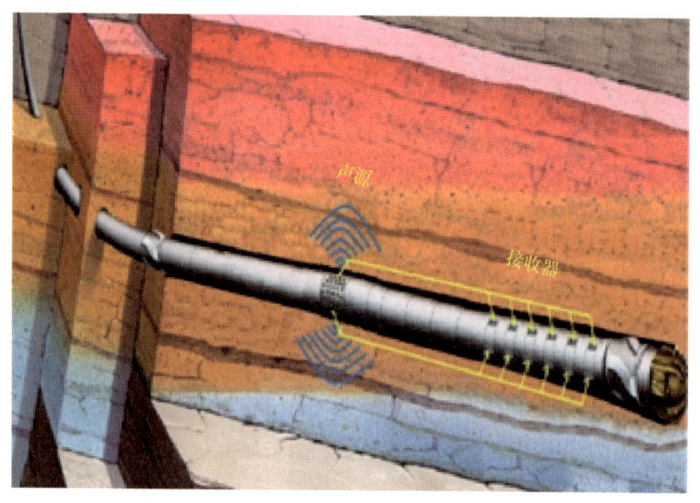

图 3.14　随钻声波测井示意图

除此以外,针对钻井过程中钻头破岩、钻杆振动等产生的背景噪声,需要通过数据滤波处理手段将其"消灭",只保留地层评价需要的有用信号。

随钻声波测井测量的地层弹性参数具有实时性的优势,可以及时指导钻进方向,提高储层钻遇率和油气开发效率,在油气勘探开发中具有重要作用。

3.10　观察水力压裂的井中微地震监测

微地震,顾名思义就是微小的地震,即由地下岩石破裂而产生的微小震动。微小通常指地震的能量较弱,比常规地震勘探中的人工地震要弱很多。那么微弱的震动从何而来?捕捉这类微弱震动又有何意义?

常规油气藏开发已进入中后期,增产稳产难度日益增大;非常规油气藏逐渐投入开发。为提高非常规油气藏单井产量，使其达到经济开发水平，必须对储层进行水力压裂等增产措施。为评价压裂效果，微地震监测技术已广泛应用于水力压裂过程中的裂缝监测。

岩石中孔隙和裂缝是油气储集的重要空间和流动的重要通道，而当其分布较少且相互不连通时，很难直接将地层中的油气开采出来，此时需要水力压裂对储层进行改造，优化储层的裂缝网络系统，使赋存其中的油气不断输送到地表。高压水流携带支撑剂泵入地层，当压力大于岩石破裂压力时产生裂缝，而支撑剂可保证裂缝不闭合。水力压裂在打通缝洞的同时导致岩石破裂，并产生微弱的震动。如果在井中排列好检波器，就会如深入地下的地震监测仪一般，捕捉到压裂过程中诱发的微地震波进而用于描述裂缝网络的几何特征。通过对压裂过程伴随产生的微地震事件定位，可以获取人造裂隙的长度、高度和方位角等信息。

井中微地震监测需在压裂位置附近选取监测井，并在压裂深度放置检波器，震动产生的信号在数千米地层深部直达检波器，如图 3.15 所示。井中微地震与声波测井密不可分，通常需要根据声波测井数据建立地层速度模型以描述声波传播规律，结合记录到的旅行时信息反演得到震动发生的时间和空间位置。因地下监测环境较为安静，信号干扰较少，因而震动定位更加准确。

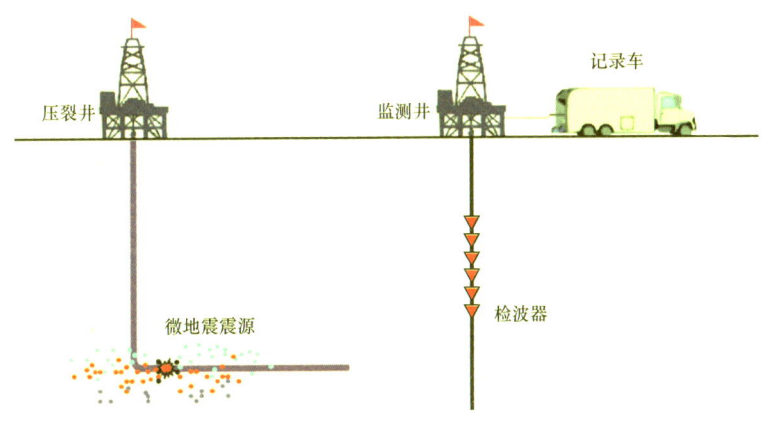

图 3.15　井中微地震观测系统示意图

储层压裂改造效果直接影响油气产量，因此微地震监测作为现阶段压裂监测唯一有效的技术手段，对油气高效开发具有重要意义。此外，该技术可有效应用于地热资源开发和二氧化碳封存监测等新场景，可以预期其必将伴随新能源和碳中和的普及得到蓬勃发展。

3.11 在井中接收地震波——垂直地震剖面测井

常规地震勘探在地表激发人工地震波并在地表布置检波器阵列，用于生成常规地震剖面，如图 3.16 左边所示。在此基础上，利用地球物理方法获得地下地层构造图像，并分析储层形态和性质，是油气地球物理勘探的核心手段。

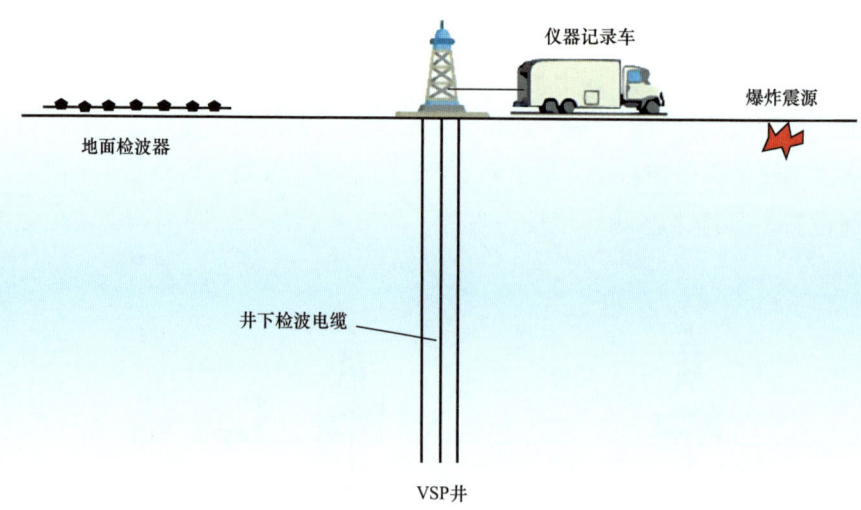

图 3.16 垂直地震剖面观测系统示意图

垂直地震剖面（VSP）将常规的油气地震勘探由地表移入地下，在地表激发，却将检波器移入井内接收，如图 3.16 右边所示。同时伴生的有井中激发、地表接收的逆垂直地震剖面（RVSP），是连接测井资料与地面地震资料的桥梁。

常规物探在地表激发和接收，各类波动信息需从地面传播数千米到达储层位置再反射回地表，期间极易受到各类噪声干扰。垂直地震剖面测井在地下介质内部点上直接观测，可获取更加丰富的信息，提供了地下地层结构同地面测量参数之间最直接的对应关系，可为地面地震资料处理解释提供精确的支持，垂直地震剖面可以用来研究井孔周围隐蔽性的油藏及砂岩体，或检测油气并圈定储油范围。正因如此，垂直地震剖面有着其他物探资料无法替代的重要作用，已成为陆上物探技术中的常规手段，也是海上地震技术发展的重要方向。

四　给地层做体检的核测井

"遥知不是雪，为有暗香来。"这是王安石对梅花的赞叹，通过细嗅空气中的香气可以寻找目标。与人用鼻子追寻气味来源一样，通过嗅探放射性粒子与地层物质发生相互作用后产生的"气味"，核测井能够透过这些信息，对地下岩石和流体进行精确评价，破解油气的奥秘。

4.1 岩石都有放射性

每当说起一个物体具有放射性时,人们总是会联想到氢弹、原子弹等,觉得是特别恐怖的东西。但实际上,具有放射性的物质在大自然中普遍存在,例如岩石、瓷砖、玻璃以及眼镜等。甚至在组成人体的化学元素中,如碳的同位素碳-14(^{14}C)、钾的同位素钾-40(^{40}K)都是放射性核素。但是人体中这些放射性元素的含量微乎其微,所以人们平时并不会感觉到这些放射性的存在,这些微量放射性对人体危害极小。

研究表明,天然岩石的放射性不会对人造成伤害。在放射性水平高的地区,常住居民的T细胞活性比较强,修复能力优于低放射区。因此放射性是物质的普遍特性,是丰富多彩的世界中看不见、摸不着但又真实存在的现象。

严格地说,没有任何一种岩石是非放射性的,只是放射性的水平有高有低。比如每吨纯石英砂岩含铀不到0.5克,而每吨铝土含铀可高达30克。泥岩(又称黏土岩)和花岗岩中含有较多的铀、钍和钾,具有较高的放射性(图4.1)。

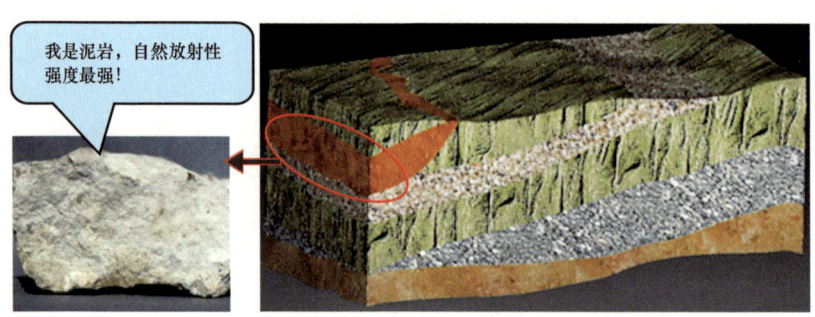

图 4.1 泥岩的自然放射性

岩石的放射性主要来源于三个天然放射系,即铀系、钍系和锕系。放射系的母核经过衰变后变成放射性的子核,会继续衰变直至变成稳定的核素,衰变过程中,放射性核会按照一定的半衰期放出 α 射线、β 射线或 γ 射线。此外钾作为自然界中丰度超过 1% 的元素,也是岩石放射性的主要来源。不同黏土矿物中的铀、钍和钾含量决定了岩石放射性的高低。

不同岩性的岩石放射性存在差异：通常能生油的岩石主要是有机质含量高的黏土岩，其放射性元素含量高；而能储油的岩石主要是砂岩、石灰岩、白云岩和玄武岩等，这些岩石放射性元素含量低，放射性弱。

因此，地下岩石的放射性特征便成了石油勘探的指路灯，人们通过自然伽马测井仪测量地下岩石天然放射性元素，可以识别地下具有不同放射性强度的岩石，并在那些放射性低的地层中寻找石油。

4.2 如何描述岩石的放射性？

放射性物质会产生极具危害的核辐射，但核辐射其实时时刻刻都存在。如人体每天都在接受天然的辐射（80%都来自天然本底辐射）。那么，看不见摸不着的放射性到底是什么呢？

简单来说，放射性就是一种原子核能够自发变成另外一种原子核，同时放出射线的能力。原子发生放射性衰变的快慢不同，通常用半衰期来表示，半衰期长的原子核衰变慢，半衰期短的原子核衰变就快。具有放射性的物质释放的射线大致可分为α射线、β射线和γ射线三种。

> **小贴士**
>
> 半衰期：放射性核素衰变其原有核数一半所需时间。半衰期是放射性核素的特征常数，在单位时间内发生衰变的概率越大，原子核的衰变就越快，原子核总数减少一半的时间越短；反之半衰期越长，原子核衰变越慢。

三种射线穿透物质的能力不同，这就像用不同的子弹去射物体一样，铅弹和橡皮子弹穿透能力差别很大。α粒子实际上是包括2个质子和2个中子组成的氦（^{4}He）原子核，它的穿透力特别弱，一张纸就能把它挡住；β射线是电子束，它的穿透力较弱，一本书就能挡住它的去路；而伽马射线是一种高能的光子，它的穿透力最强，几厘米厚的铅板或几十厘米厚的混凝土才能将它挡住（图4.2）。

不同岩石放射性的高低以及射线的能量各有特点，因此可以根据测量岩石伽马射线的特征，判断出这是什么类型的岩石。通常情况下，具有高放射性特征的岩石以黏土岩为主，含有石油的可能性较低。国家正大力开发的页岩油气藏富含有机质，油气有机质通常伴随着放射性铀而存在，也会有辐射。

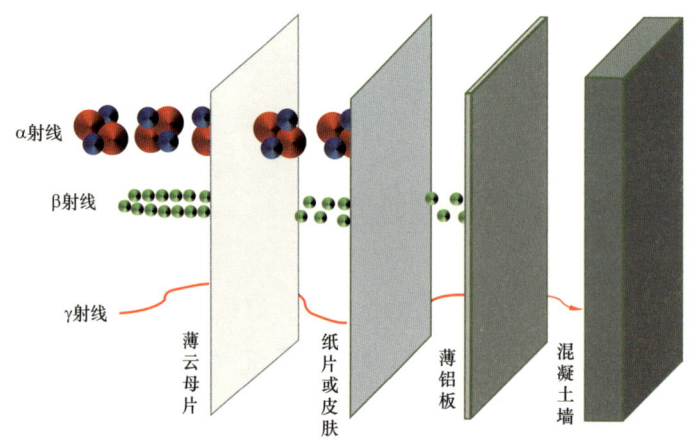

图 4.2　射线的穿透能力示意图

由于岩石中存在放射性的铀、钍和钾三种元素，因此岩石具有放射性特征（图 4.3）。铀系元素和钍系元素是一个很庞大的家族，家族中每个元素发射的射线能量和强度都不一样，而钾元素只发出一种能量的射线。这些不同能量的射线就是不同放射性元素的"标签"，科学家通过对这些"标签"的检测与识别，可以把各种元素的含量确定出来。

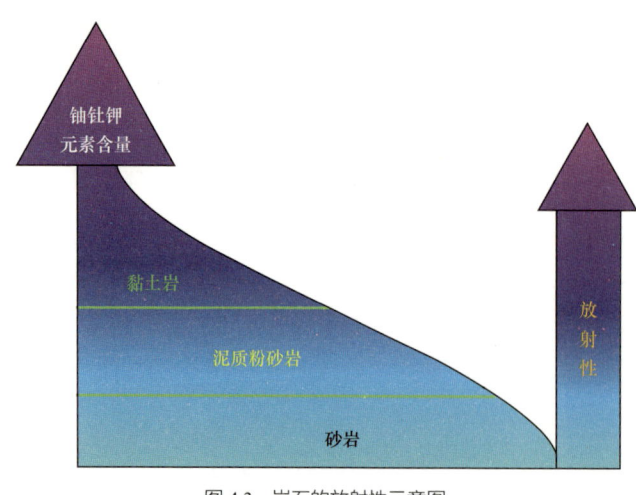

图 4.3　岩石的放射性示意图

伽马射线本质是一种光子,但遗憾的是人类的眼睛并不能看到它,那到底怎么探测它的存在呢?为了"看到"伽马射线,伽马探测器就派上了用场。就像自然界中的光能被眼睛捕捉到一样,伽马射线可以被伽马探测器捕捉,并转化为能够检测的电子信号。然后,通过探测电流脉冲信号不仅可以感知伽马射线的存在,而且可以根据电流脉冲幅度,得出伽马光子的能量,记录能谱的位置,从而得到伽马射线的能量谱图。

用于探测伽马射线的装置主要有气体探测器、闪烁体探测器和半导体探测器三大类,不同探测器使用的介质不同,探测伽马射线的原理也不同。气体探测器是在气体两侧加上高压,当伽马射线在气体中产生电离的时候,气体会被击穿,在外电路上产生电流;闪烁体探测器是伽马光子入射到闪烁体中电离,使闪烁体发光,光子打到光阴极后发生光电效应,产生电子,最后在外电路形成电流脉冲;半导体探测器利用半导体材料作为探测介质,当γ射线与半导体中的材料发生相互作用而损失能量,使半导体中的电子发生电离,并通过输出回路形成信号(图4.4)。

> **小贴士**
>
> 光电效应是物理学中一个重要而神奇的现象。在高于某特定频率的电磁波(也就是伽马光子,该频率称为极限频率 threshold frequency)照射下,物质内部原子的核外电子吸收能量后逸出,而光子消失。

跟不同人的视力存在差异一样,伽马探测器检测伽马射线的能力也各不相同,主要取决于伽马探测器的能量分辨率、闪烁衰减时间和光输出等参数。电流脉冲越高,表示该探测器的能量分辨率高,探测器性能越好。闪烁衰减时间表示探测器处理一个辐射事件的最小间隔,衰减时间越小,表示探测器的时间分辨能力越好。

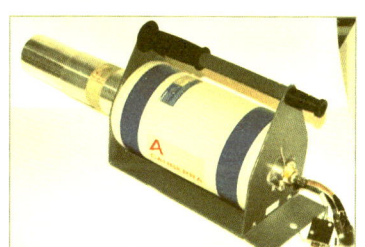

图4.4 闪烁体探测器和半导体探测器

光输出指单位能量的伽马射线过来能产生多少光子，产生的光子越多，表示探测器的能量分辨能力越好。在实际核测井过程中，就是利用这些探测器达到探测井下伽马射线的目的。

4.3 核测井到底安不安全？

在回答这个问题之前，首先需要知道核测井所测量的射线是从哪里来的。为了探知地下岩石的特性，除了天然射线之外，还要利用"人造手电筒"，即人工辐射源向地层照射，通过人造射线与地下岩石相互作用来分析地下的情况。在采用人工放射源的测井过程中，工作人员都会采取相应的防护措施来保证自身的安全，这是十分重要的！

按照核测井中发射的射线类型可以将放射源分为伽马源和中子源，按照射线产生的机理又可以分为化学源和可控射线源。化学源主要有铯–137（^{137}Cs）和镅—铍（Am-Be）源，其中 ^{137}Cs 源经过衰变后可以产生 0.662MeV 的伽马射线，Am-Be 中子源通过 Am 元素衰变释放的 α 粒子轰击 Be 核可以产生中子。以上这两种核反应时时刻刻都在进行着，因此人们在储存、运输和使用这类化学源时需要格外注意，需采取相应的防护措施（图 4.5）。

图 4.5　放射源及屏蔽铅罐

随着科学技术的进步和人们安全意识的提高，逐渐产生了诸如氘—氚（D-T）中子源、氘—氘（D-D）中子源和 X 射线源这样的可控射线源。如果说化学源是一支无法关闭的"长明灯"，那么可控射线源就是可以随时开关的"手电筒"。可控射线源只有在井下测井时才会放出中子或射线，因此在储存、运输等过程中不会有放射性。由于采用可控射线源不仅对分析岩石性质有利，而且对人体和环境来说更加安全，因此近年来，D-T 中子发生器、D-D 中子发生器和 X 射线管等逐渐取代了化学源，在核测井领域扮演着越来越重要的角色（图 4.6）。

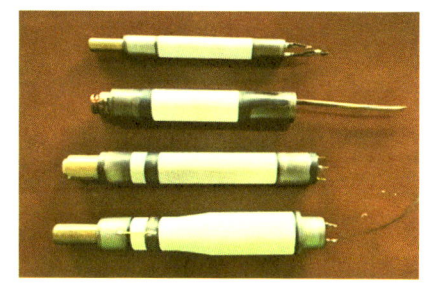

图 4.6　可控射线源

实际上人们在生活中每时每刻都要受到自然界的辐射，这就是常说的天然辐射，普通人一年受到的天然辐射量为 2.0～3.0 毫希伏。另外，像核电站、核医疗以及核测井等相关工作人员还会受到来自人工放射源的照射。对于这些工作人员的防护，国家有着明确的规定，如《电离辐射防护与辐射源安全基本标准》（GB 18871—2002）中规定，辐射场所工作人员年平均有效辐射剂量限值为 20 毫希伏/年。据统计，医学胸部 CT 检查的辐照剂量为 2～5 毫希伏/次，地球上的伽马射线的辐照剂量为 0.28 毫希伏/年，因而可以看出人们生活和工作中能接触到的辐照剂量是非常有限的，那么，现在再来想一想核测井是不是很安全呢？

> **小贴士**
>
> 辐射剂量：人体组织器官每单位质量所吸收的辐射能量，它的计算单位是希伏或毫希伏。对日常工作中不接触辐射性物质的人，因环境本底辐射（主要是空气中的氡）每年的正常摄取量是 1～2 毫希伏；若每年辐射物质摄取量超过 6 毫希伏，应按照放射性物质工作人员来管理。

在对核测井的放射源以及相关辐照知识有了了解后，为了防止射线对人体产生伤害，该如何进行防护呢？一般来说，通常从时间防护、距离防护和屏蔽防护三个方面来屏蔽核辐射。

人在具有放射性的环境中工作，核辐射照射时间越长，人体受到的伤害就越大，因为辐射会对人的细胞造成不可逆的损伤，严重的甚至会危害到生命。因此对于操作人员来说，需要在进行相关操作前做好准备，加强操作过程中的监督，对于较为复杂的操作，必须事先进行不加放射性物质的空白操作演练，提高操作熟练程度和操作速度，以达到有效缩短照射时间的目的。

人体受到辐照的伤害会随着与源的距离的增加而迅速减少，为此需要尽可能地增大辐射源与操作人员之间的距离。这就要求操作人员尽量采用远距离操作，距离放射源越远，接触的射线越少，受到的伤害也越少。在测井作业前，需要将放射源装填在测井仪器内。为了增加操作人员与源的距离，会使用很长的工具远距离进行源的装填与拆卸。

除了缩短照射时间和增大与放射源之间的距离外，屏蔽防护是最重要、最有效减小核辐射危害的方法。选取适当的屏蔽材料做成屏蔽体，遮挡放射源发出的射线是最常用的防护手段，这样可以在工作人员和放射源之间设置一道屏障，使工作人员不受或少受照射。例如医院放射治疗的科室采用很厚的混凝土墙和厚重的铅门，就是一道屏蔽辐射的"安全门"。同样核测井的放射源在运输、储存时也会采取类似的方法，将源放置在特制的"安全罐"里。操作人员在对源进行搬运和装卸时，还会穿上特制的铅衣用来进一步减少操作人员受到的照射（图4.7）。

图4.7 放射性环境常用的铅衣

所以说，只要对核测井有了深刻的认识，在测井作业过程中遵守相关程序和要求，核测井是安全的。随着科学与技术的进步和发展，相信核测井会越来越安全！

4.4 中子源：打开"地宫"宝藏的钥匙

地层就像一座富有宝藏的地下宫殿，例如油气、金属矿和稀土元素资源，而核测井的目的正是在这座地下宫殿中寻找有用的资源。那如何开启这些宝藏呢？这时候就需要使用一把打开宫殿的钥匙——中子源。

提起中子一词，人们总先想到的是令人毛骨悚然的武器——中子弹，其实中子是组成原子核的基本粒子，由英国物理学家查德威克于1932年在实验中发现的，它的穿透能力比伽马射线强，能够穿透钢管、水泥和岩石等。核测井专家通过研究中子与地层物质的作用过程，就能知道地下含有哪些物质。那这些中子是怎么产生的呢？其实自然界中没有天然存在的自由中子，利用中子探知地下宫殿需要专门的装置也就是中子源来产生，核测井中常用以下两种类型的中子源：

第一类是化学源，也称为同位素中子源，以镅—铍中子源（Am-Be）中子源为代表，每秒钟可发射几百万个中子。那么Am-Be中子源是怎么工作的呢？镅-241（^{241}Am）元素不停地发生着衰变，源源不断地产生氦-4（^{4}He）。氦-4（^{4}He）元素的原子核，也就是α射线这个小淘气，它不停地"拥抱"铍-9（^{9}Be）的原子核，二者结合后转变成一个碳-12（^{12}C）原子核并且发射出一个中子（图4.8）。因此，镅-241（^{241}Am）就像是整个中子源的发动机，能够连续发射中子，而且不管是测井过程中还是保存在源库里，都在不停地工作，它就像一盏无法关闭的长明灯。

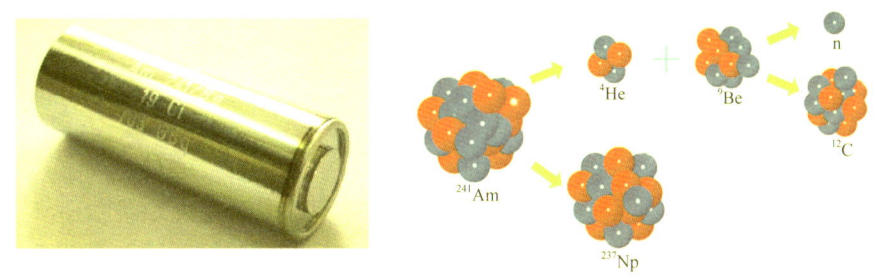

图4.8 镅—铍中子源及其工作原理示意图

另外一类是能够根据需要人为控制发射或关闭的中子源，就跟手电筒一样，打开开关它就发光，关闭开关就熄灭。这就是在核测井中常用的可控中子源，在通电的时候发射中子，而且使用时可按设计好的程序有规律地发射中子。

可控中子源说起来也很"恐怖",它和制造氢弹的原理基本相同!但是可控中子源并不是制作炸弹,而是利用氢弹原理制造出小型的中子发生器。将氘核(^{2}H)加速去和氚核(^{3}H)碰撞,就会同时生成 α 粒子(^{4}He)和能量为 14 兆电子伏的中子(n),这是氢核的聚变反应。这类源是一种小型加速器中子源,称作氘—氚中子源,也叫井下中子发生器,每秒钟能产生几十亿个中子(图 4.9)。

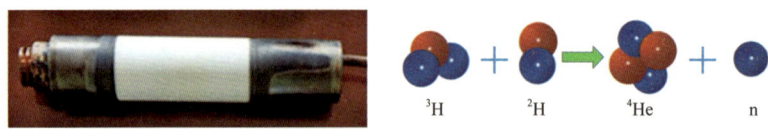

图 4.9　氘—氚中子源及其工作原理示意图

那这两种中子发生器释放的中子有什么区别呢?镅—铍中子源发射的中子能量比较低,氘—氚中子源发射的中子能量大约为它的 3 倍。采用不同类型的中子源,就能用不同能量的中子流轰击地层,发生不同的核反应,使地层中各种元素产生特定的响应,再用伽马或中子探测器探测与地层元素作用后的伽马射线或热中子,确定地层岩石中的矿物类型和油气多少。原来,中子与地层元素原子核作用后,要么就是与原子核发生碰撞,自身能量降低,要么就是被原子核"吃掉",还会发射出相应的伽马射线,这就是核物理中的非弹性散射、弹性散射和辐射俘获反应。核测井就是利用中子源这把钥匙,通过这一系列过程与地层元素对话,每种元素都能"说"出自己的种类、数量和所处的位置,进而打开地宫宝藏。

> **小贴士**
>
> 非弹性散射:快中子先被靶核吸收形成复核,而后放出一个能量较低的中子,靶核处于激发态,以发射伽马射线的方式释放出激发能而回到基态的作用过程。
>
> 弹性散射:中子与原子核发生碰撞后,系统的总动能不变,中子所损失的动能全部转变为反冲核的动能,而反冲核处于基态的作用过程。
>
> 辐射俘获反应:靶核俘获一个热中子而变为激发态的复核,然后复核放出一个或几个光子而回到基态的作用过程。

4.5 自然伽马测井与自然伽马能谱测井

地层自身的放射性是源于地下岩石中含有天然的放射性核素，主要是铀放射系、钍放射系和钾-40核素。那怎样测量地下岩石的自然放射性强度呢？这就是下面介绍的自然伽马测井技术。

自然伽马测井技术的原理非常简单，将携带伽马探测器的测井仪器放到井下，慢慢向地面提升，探测地层不同深度伽马射线的强度。这是一种较为简单且安全的测井方法，但其应用价值却很高！

1896年，贝可勒尔（图4.10）发现了自然放射性并因此获得了诺贝尔物理学奖。随后研究人员发明了伽马射线探测技术和探测仪器，1935年出现第一支自然伽马测井仪器，1939年自然伽马测井得到广泛应用，这是当时唯一的核测井方法。

图4.10　贝可勒尔

在不同的岩石中，铀、钍、钾元素的含量不同，岩石的自然伽马放射性也就不同。岩石中铀、钍、钾元素含量高，放射出的自然伽马射线多，其自然伽马放射性强；相反，岩石中铀、钍、钾元素含量低，放射出的自然伽马射线少，其自然伽马放射性就弱。

既然测量的自然伽马是地层所有放射性元素的自然伽马总强度，那怎样去区分地层的铀、钍、钾各自的放射性强度，或者说它们各自的含量呢？这时候自然伽马能谱测井就发挥作用了。研究人员将进入探测器的自然伽马射线按照能量高低依次记录下来，绘制成自然伽马计数与能量变化关系图，即自然伽马能谱图（图4.11）。然后依据铀、钍、钾各自的特征能谱进行层层剥离，就能得到铀、钍、钾各自的含量了！

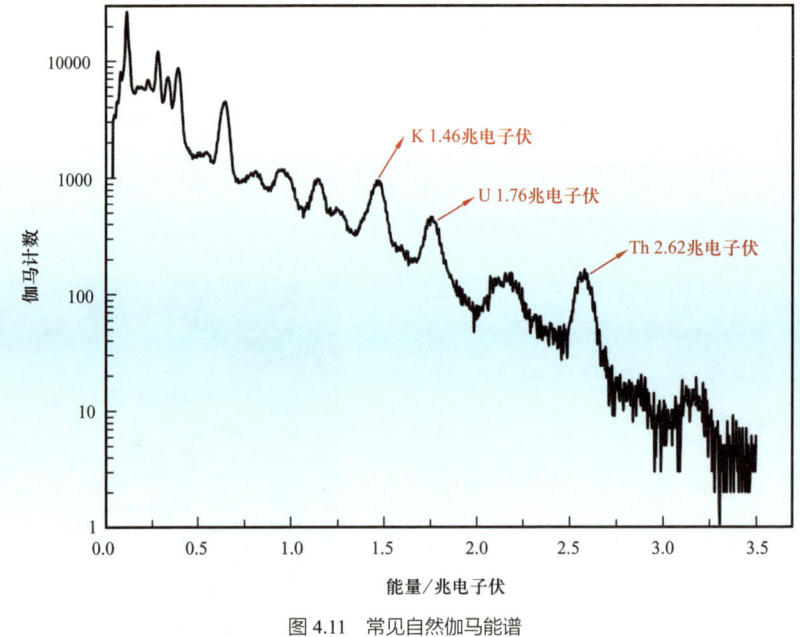

图 4.11 常见自然伽马能谱

从整个能谱中求取各个单一组分含量的过程称为解谱。举个简单的例子,就像人类按照性别可以分为男性与女性,此时由男性与女性组成的总人口就类似于测量的自然伽马能谱。如果想知道男性、女性分别在总人口中的比例,那么根据男性、女性的外观特征对总人口进行划分,那么便能知道男性、女性在总人口中的占比了,这类似于自然伽马能谱的解谱过程。

就像铁会被磁铁吸附一样,地下的铀、钍、钾元素易被黏土矿物等小颗粒物质吸附,因此,岩石中黏土矿物含量越高,岩石的自然伽马放射性就越强。因此,泥岩、页岩等黏土矿物含量高的岩石自然伽马放射性强;而砂岩、石灰岩、白云岩等黏土矿物含量低的纯岩石自然伽马放射性弱。

一般来说,泥岩层富含有机质,是良好的生油地层,但由于它的孔隙较小,赋存的油气含量较少,开采难度大。油气在泥岩层中产生后,会向含泥比较少、孔隙度比较高的砂岩、石灰岩、白云岩运移。

在这样的情况下,通过自然伽马测井仪可得到一条随深度变化的指示岩石自然伽马放射性强弱的曲线。测井解释员从自然伽马曲线可以找出放射性强度较弱的地层即为地下有可能赋存油气的储层。随着石油勘探开发技术的进步,目前认为有的页岩地层也能够"自生自储",即页岩地层自己产生油气,自己储存油气,虽然其自然伽马放射性很强,但也能作为良好的储层。

4.6 给岩石测"骨密度"的密度测井

很多人对医院拍"X光片"并不陌生。X光片的原理很简单,是用一种叫X射线的光线照射人体,由于人体内不同部位的物质密度不同,对这种射线的吸收能力也不同,对透过人体的X射线经过一系列的处理后,一张X光片就成功完成了。以人的手掌为例,骨头处密度较大,而皮肤和肌肉密度相对较小,通过X光片就能很容易地区分出来(图4.12)。

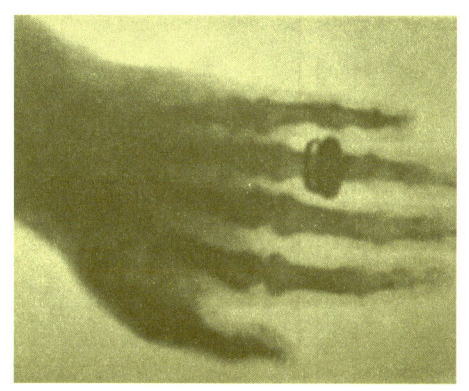

图4.12 世界上第一张X光成像图

那么能否像测量骨头的密度一样,去测量地层的密度呢?这里说的可不是在实验室中简单地用称重法进行密度测量,而是考虑如何在位于地下几千米的井中测得岩石密度。毫无疑问,借助特定的测井仪器,是可以做到的。

了解了医院里用X光给人体进行成像的原理,这个时候可以大胆想象,能不能把测量密度的这一套实验装置搬到地下测量地层的密度呢?答案是肯定的,其实,这就是地层密度测井最通俗的说法。当然,研究对象和研究目标变了，比如研究对象由人体变成了岩石，射线辐射对人体健康的影响将不再是考虑的重点，因而可将医用的 X 射线变为穿透力更强的伽马射线，以达到"尽可能探得远"的目的。用来测量地层密度的仪器主要有补偿密度测井仪和岩性密度测井仪，其基本原理都是将一个或多个"伽马射线发射器"和"伽马射线接收器"放在测井仪器上，置于地下，测量与地层作用后的散射伽马射线强度，进而得到地层的密度。

拿岩性密度测井举例（图 4.13），它的仪器测量系统由一个铯 –137 伽马放射源（一种同位素放射源，可持续放出单能伽马射线）和两个不同位置的伽马探测器组成（多为闪烁晶体探测器）。测井时，岩性密度测井仪被推靠到井壁一侧进行测量，这样做一方面可以减小井眼内钻井液对测量结果的影响，同时也增大了地层的贡献，可谓是一举两得，提高了测量精度！

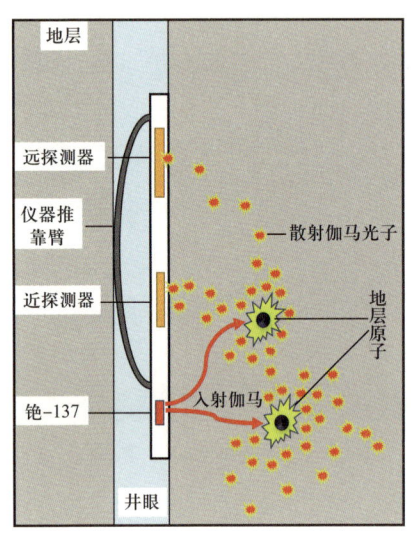

图 4.13　密度测井示意图

> **小贴士**
>
> 康普顿散射：伽马光子与原子的核外电子发生非弹性碰撞，一部分能量转移给电子，使它脱离原子成为反冲电子，而散射光子的能量和运动方向发生变化的过程。

在井下测量的过程中，铯 –137 伽马放射源会向地层中源源不断发射能量为 0.662 兆电子伏的伽马射线，上部的伽马探测器和下部的伽马探测器由于距离放射源的位置不同，因而可以分别探测不同范围内与地层作用后的散射伽马射线，将其分别记录下来，再经过一系列处理就可得到地层的密度。

那伽马射线是怎么和地层相互作用的呢？原来，伽马射线与地层原子核外电子作用后，要么受原子核的电磁作用而被"吃掉"，要么与核外电子相碰后改变运动方向，伽马射线能量降低，这就是核物理中的"光电效应"和"康普顿散射"。

简单来说,密度测井的基本原理在于:伽马射线能量被地层散射变成低能伽马射线的概率与地层的密度成正比,地层密度越大,伽马射线能量被地层散射变成低能伽马射线的概率就越高,探测器探测到的伽马射线强度就越小,这样就可以根据探测到的散射伽马射线来确定井下地层岩石的密度了。

密度测井是利用伽马射线探测器测量到的散射伽马射线谱来确定地层密度的。那么这些伽马射线谱中到底蕴藏着什么信息呢?又如何将这些信息提取出来进而确定地层密度呢?伽马射线与地层作用之后能量降低,测量得到的就是不同能量的伽马射线的数量,形成了如图4.14所示的伽马射线能谱图。伽马能谱在0.1兆电子伏附近计数最高,像一座山峰一样将伽马能谱分成两部分,分界点的右边记录到的伽马射线计数的变化主要反映地层密度的变化,地层密度越高,探测器测量记录到的伽马射线就越少;分界点的左边记录到的伽马射线计数也与密度有一定的关系,但对组成地层的岩石矿物类型更加敏感。不同的岩石矿物与伽马光子发生光电效应的能力不同,所以这一谱段多用于识别地层的岩石组成。

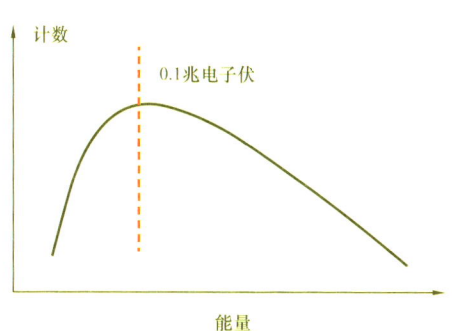

图4.14 散射伽马射线能谱示意图

另外,考虑到实际情况,在井中测量时地层和仪器之间有一层滤饼,影响测量结果的精确度。为解决这个问题,研究人员用长短两个不同源距的探测器测量不同探测范围内地层与滤饼的组合,并用适当的计算方法消除滤饼的影响。总的来说,密度测井通过测量散射伽马射线谱,可得到井下地层岩石随深度变化的密度曲线和质量光电吸收截面曲线。利用测量的密度可以计算井下地层岩石的孔隙度参数,将密度和质量光电吸收截面指数结合可以识别岩性。

4.7 给地层流体"卫星定位"的同位素示踪测井

日常生活中常说的"北斗系统"是一种以人造地球卫星为基础的高精度定位系统,在全球任何地方以及近地空间"北斗系统"都能够提供准确的地理位置、车行速度及精确的时间信息(图 4.15)。卫星定位在生活中应用十分广泛,便利了人们的生活出行。其实,核测井中也有类似的探测技术,它就是同位素示踪测井。

为什么要进行同位素示踪测井呢?一般来说,地下油层内的压力高于同一深度油井内的压力,两者之间存在压力差,在这一压力差的作用下,地下油层中的石油会被开采出来。但是,随着石油的不断开采,地下油层的压力会逐渐降低,油层与油井内的压力差减小。当压差减小到一定程度,油层中剩余的石油就无法采出了。那怎么样采出剩余的石油呢?

图 4.15 我国自主研发的"北斗系统"

针对这样的情况，通常在采油井周围再钻一些井，并且往里注水，利用注入的水继续挤出剩余的石油，从而让更多的剩余油被开采出来。在注水过程中，需要控制注水井中各注水层的注入水量，因为注入水的多少是影响注入水在地层中的流动、剩余油采出情况的重要因素。此时，放射性同位素示踪测井就可以发挥作用，它就是用来测量注水井各注水层注水量的一种地球物理测井方法。

放射性同位素示踪剂能放射出特定能量的伽马射线，这些伽马射线就像是卫星信号一样能被伽马射线探测器探测到。在注入水中添加放射性同位素示踪剂，就相当于在注入水中添加了卫星信号，就能找到注入的水到底流向了哪里。

在注水之前，用伽马射线探测器测量一条随钻井深度变化的一条"卫星定位"曲线，也就是伽马曲线。然后，再向注水井中各注水层注水。当水进入注水层后，注入水中作为跟踪定位器的放射性同位素示踪剂在注水层富集。往注水层注入的水越多，注水层放射性同位素示踪剂越富集，注水层发出的定位信号也就越强。此时，再用伽马射线探测器进行测量，得到注水后随深度变化的"卫星定位"曲线。这样的话，注入水越多的层段，两条曲线的差异就越大。根据注水前后伽马曲线的增量，可以计算出注水井中的注水部位和各注水层的注入水量（图4.16）。

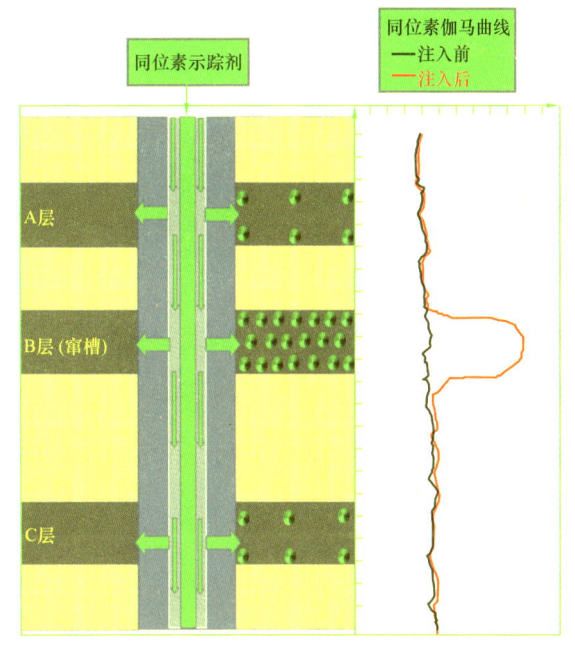

图4.16　同位素示踪测井

另外，在一定条件下，放射性同位素示踪测井测量得到的注水前后的伽马曲线还可以用来反映钻井套管外由于固井质量不好，套管外水泥中混入钻井液从而造成的水层油层相互窜通的情况，以及检查地层压裂效果。因此，同位素示踪测井就像是核测井中的卫星定位器，极大地方便了对油气的开采。

4.8　与原子弹爆炸原理类似的中子测井

在很多人眼中原子弹就像是核反应的"代言人"。一想到原子弹爆炸时的恐怖场面（图4.17），很多人对"核"顿生莫名的恐惧，谈"核"色变。实际上，并不是所有的核反应都能产生像原子弹爆炸那么大的威力，而且核反应也不仅仅用于核武器，现如今人们已经能将其应用于核电、核医学和油气资源勘探等行业。中子测井是核反应用于油气勘探的典型案例之一。

图4.17　原子弹爆炸

中子可以按照自身的能量高低进行分类，能量不低于10电子伏的中子为快中子。室温下，平均能量为0.025电子伏的中子为热中子。为了更好地理解中子测井，下面一起追寻中子一生的踪迹。快中子被中子源发射出来后，一路向前飞奔，与地层原子核发生碰撞。如果是弹性碰撞，双方友好分手，各自向前；如果是非弹性碰撞，则会释放出非弹性伽马射线。

以中子与碳-12（^{12}C）发生非弹性散射为例（图4.18），当中子碰撞到碳-12原子核时，它就被碳原子核"吃掉"，然后又被"吐出来"，同时还会"吐出来"4.43兆电子伏的伽马射线。这个伽马射线就是碳元素的身份证，据此可确定地层中有碳元素，进而可推算含碳化合物在地层中的含量。用同样的方法，根据特定能量的伽马射线能识别氧、硅、钙、硼、铝、铁和镁等元素。

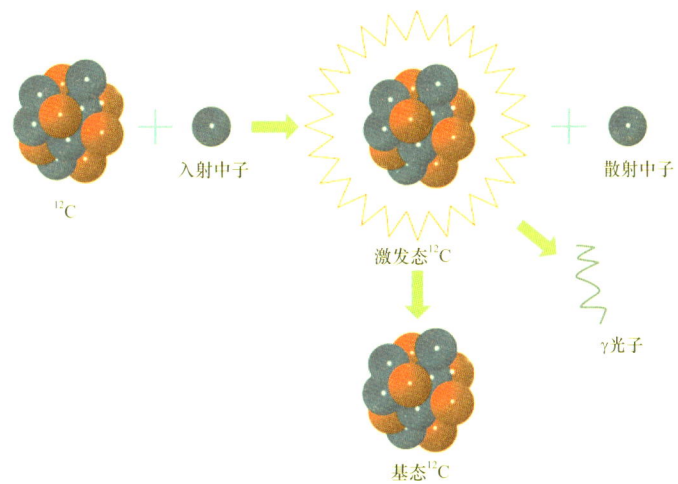

图4.18　快中子与碳原子核发生非弹性散射过程

能量高的中子发生一两次非弹性散射，会使得能量大量损失，导致在地层中行走的速度逐渐慢下来，不能再继续发生非弹性散射。这时候弹性散射的过程就开始了。与非弹性散射作用不同的是，中子与地层原子核发生弹性散射不激发伽马射线，仅仅是中子损失部分能量，就像是篮球在地上弹着弹着，弹的高度就越来越低。氢是最强的中子减速剂，含氢高的地层对快中子的减速能力强。中子通过含氢地层，就相当于中子在穿过一片减速带。因此，可根据中子穿过地层的减速情况判断地层中含氢物质的多少。相反，气体对中子的减速能力很弱，在地层含气时，中子就像一匹脱缰的野马一样在地层中穿梭，因此可利用中子与地层的弹性散射过程分析地层含气情况。

中子很快地损失自己的能量，将自己从快中子变成了热中子，并且在地层中扩散。这时地层中的某些元素原子核就有一定的概率抓住中子，并释放出俘获伽马射线，也代表着该中子最终走向了灭亡（图4.19）。

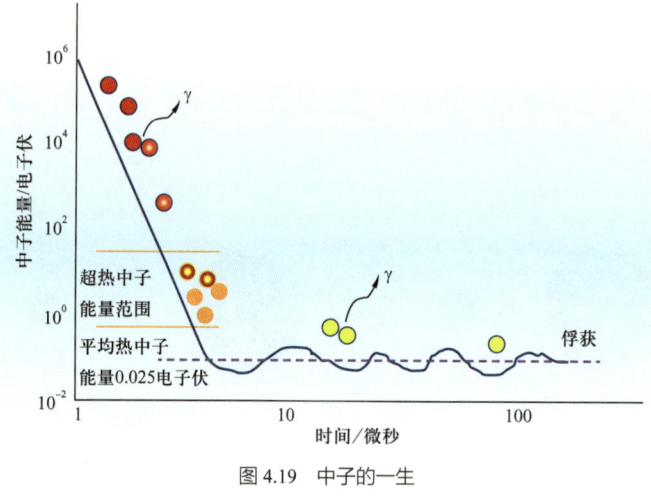

图4.19 中子的一生

中子测井可以简单地看作原子弹爆炸的"迷你版"，它们二者之间的原理相似，只是反应过程和条件有所差异。中子测井没有像原子弹爆炸那样恐怖，虽然也是中子与地层物质里的原子核发生相互作用，但它可不是发生原子弹那样的核裂变反应。将中子看作一个小球，从进入地层开始，这个小球一路上磕磕碰碰，碰到不同的类型的原子核就会碰出不同的"火花"（诱发伽马射线），在这一过程中，中子的能量也逐渐消耗，最终被原子核俘获停止碰撞，它的生命也至此走到了尽头。通过探测在这一过程中产生的伽马射线，就可以间接地找到地下的"宝藏"（图4.20）。很明显，这一过程要比原子弹的核裂变反应"温和"得多。

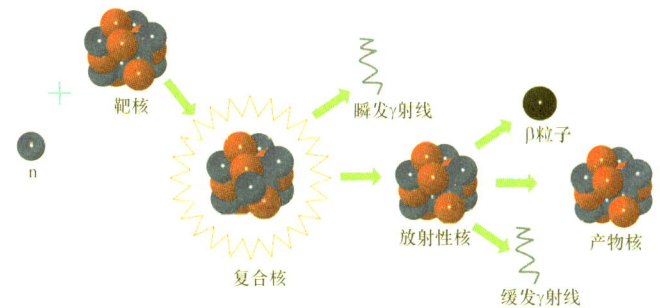

图 4.20 中子与原子核的作用过程示意图

中子与地层原子核发生碰撞时产生的伽马射线是评价地层的重要手段。由于中子与不同的原子核发生非弹性散射、弹性散射、活化和俘获反应截面不同，会产生不同的特征伽马射线。就像一个人的身份证一样，不同原子核的特征伽马射线即为这种元素的身份证，根据测量得到的能谱不仅可以识别地层元素的类型，而且可以计算地层元素含量。因此，中子测井对地层流体性质判别、岩石组分分析具有重要作用。

4.9 测量流体"住房"面积的中子孔隙度测井

地下深处的岩石多种多样，但是哪些岩石中能够存储油气呢？能储存多少油气呢？这一问题也是寻找油气时必须思考的问题。油气是"住在"岩石孔隙中的，就像是人住在房间一样，房间面积越大，能容纳的人就越多。如何知道岩石中孔隙的多少呢？这时候，中子孔隙度测井便可大展身手了。

中子孔隙度测井是中子测井的一种，通过中子源向地层中发射快中子，利用探测器测量热中子或超热中子计数率，并将计数率转换为地层孔隙度。但是这里得到的孔隙度可不是真正的岩石孔隙度，它叫视石灰岩孔隙度。根据探测的信息是超热中子还是热中子，中子孔隙度测井分为井壁超热中子孔隙度测井、补偿中子孔隙度测井两大类。

> **小贴士**
>
> 视石灰岩孔隙度是用饱含淡水的纯石灰岩地层刻度给出的孔隙度，当岩性或流体性质与刻度条件不同时，测井给出的孔隙度曲线值就与地层孔隙度不同。

> **小贴士**
>
> 地层对快中子的减速能力主要决定于它的含氢量。在中子测井中，将淡水的含氢量规定为一个单位，而1立方厘米任何岩石或矿物中的氢核数与同样体积的淡水的氢核数的比值定义为它的含氢指数。

井壁超热中子孔隙度测井由同位素中子源（安装在贴井壁的滑板上）放出快中子，快中子进入地层后与氢原子核发生非弹性散射和弹性散射而损失能量变成超热中子，利用探测器探测超热中子计数率来反映地层含氢指数，又称为井壁中子孔隙度测井。含氢指数与单位体积介质的氢核数成正比，中子孔隙度测井中，用含氢指数表征地层含氢量。中子测井时测得的孔隙度实质上就是等效含氢指数，这也就是为什么之前提到测量的孔隙度不是岩石的真孔隙度的原因了。

补偿中子孔隙度测井是利用同位素中子源（Am-Be中子源）向地层发射快中子，采用两个不同源距的热中子探测器测量经地层慢化并散射回到井筒的热中子，计算近远探测器计数率比值来反映地层对快中子的减速能力，显示地层含氢量的变化，从而确定地层孔隙度。那为什么井壁超热中子孔隙度测井只采用一个探测器，而补偿中子孔隙度测井采用两个呢？顾名思义，这里"补偿"就解释了这一差异。补偿中子孔隙度测井采取足够大的源距，且不同源距的近、远双探测器的热中子计数率比值，很大程度上补偿了地层吸收性质和井环境对孔隙度测量的影响。针对某一特定的补偿中子孔隙度测井仪器，近远探测器热中子计数率比值仅与减速长度有关，且减速长度取决于岩石的含氢量，故可将近远探测器计数比值转换为含氢指数或孔隙度。

补偿中子孔隙度测井仪器需要在不同孔隙度饱含淡水的石灰岩刻度井中进行刻度，通过刻度建立近远热中子计数率比值与地层孔隙度的转换关系，进而实现中子孔隙度的计算。中子孔隙度测井受岩性和骨架矿物影响，饱含水石英砂岩地层孔隙度测井值偏小，而白云岩地层的孔隙度测井偏大；泥岩层中子孔隙度测井具有较高的视孔隙度值。传统补偿中子孔隙度仪器（图4.21）主要由活度18居里的Am-Be源和两个^{3}He计数管组成，其中近、远探测器的源距分别为37.8厘米（15英寸）和62厘米（24.7英寸）。通过利用近远探测器热中子计数率比值反映地层含氢指数，确定地层孔隙度。

中子孔隙度测井具体是怎么实现"找油气"的呢？利用补偿中子和补偿密度孔隙度曲线重叠可以实现岩性的快速识别和气层的直观显示和评价，气层的含氢量明显低于同孔隙度的油水层，其补偿密度和中子孔隙度特征表现为密度孔隙度偏大，而中子孔隙度偏小，如图4.22所示。此

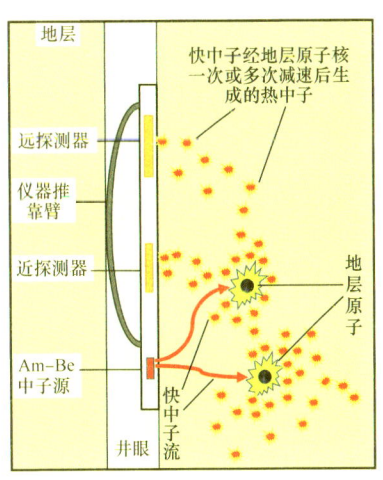

图4.21　补偿中子孔隙度测井示意图

外，近年发展的热中子裂缝探测是利用补偿中子仪器或脉冲中子仪器，通过探测压裂裂缝中含有高热截面元素的支撑剂，记录压裂前后地层热中子计数变化来间接确定压裂裂缝的位置、裂缝高度等参数，如图4.23所示。压裂后向地层裂缝中注入非放射性标记支撑剂，当补偿中子仪器发射的中子进入地层经过一段时间慢化形成热中子，由于标记支撑剂中含有热中子俘获能力强的元素，因此裂缝处的热中子数量大幅减少，对比压裂前后的热中子计数曲线可以确定裂缝位置、高度等参数。

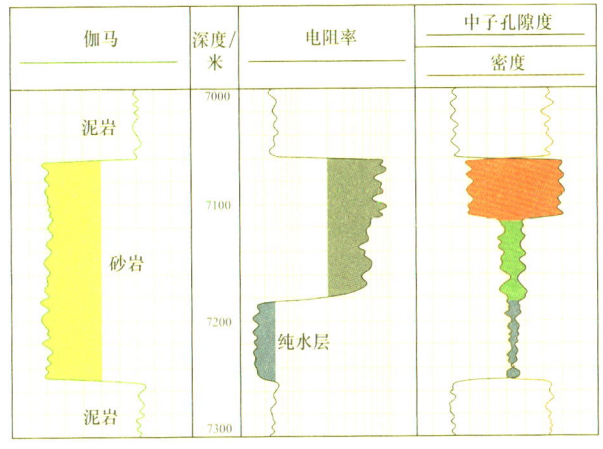

图4.22　补偿中子孔隙度测井成果

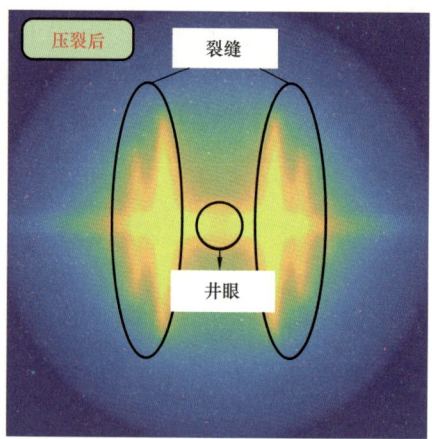

图 4.23　压裂前后裂缝探测结果示意图

4.10　精确确定岩石骨架成分的元素能谱测井

元素测井

地层由 Si、Al、Fe、Ca、Mg、Na、K、H、C 和 O 等元素构成的各种矿物和流体组成，其中矿物像人的骨架一样支撑着整个地层，所以各种矿物又称为岩石骨架。作为常见的地层骨架组分，砂岩主要含量为二氧化硅（SiO_2），碳酸盐岩主要为碳酸钙（$CaCO_3$），白云岩主要为碳酸镁钙［$CaMg(CO_3)_2$］，它们的分子组成不同导致其物理性质存在差异。如何通过测井方法来确定这些不同的矿物和岩石骨架类型呢？常规的测井方法，如自然伽马、电阻率和声波时差等，由于会同时受到地层流体和骨架等多种因素的影响，准确确定矿物和元素成分比较困难。为解决地层元素准确评价面临的难题，测井科学家发明了元素测井。

井下地层中不仅岩石矿物的类型很多，不同矿物的组合和含量不同，而且井下地层中具体含有哪几种矿物事先也是不知道的。因此，想要直接确定地层中的骨架矿物成分是很困难的。而元素测井采取"反向思维"的策略，将研究对象从矿物或化合物层面转化为元素层面，直接确定地层中含有哪些元素，再通过相关的数学算法反过来确定骨架矿物组分。据统计，地壳中分布最广的是下述8种元素，占地壳物质总量的98.26%：O（46.50%）、Si（25.70%）、Al（7.65%）、Fe（6.24%）、Ca（5.79%）、Mg（3.23%）、Na（1.81%）、K（1.34%），如图4.24所示。其中O、Si、Al元素总量为地壳总质量的79.85%。只要精确测量到这些元素的含量，便可以鉴别地层主要矿物含量。

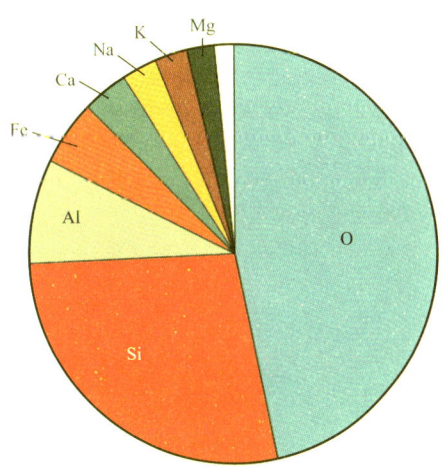

图4.24　地层常见元素含量组成示意图

地面实验室进行岩石元素和矿物成分分析的主要技术手段有X射线衍射、中子活化分析等技术。像密度测井一样，既然在地面上可以通过实验能够测量岩石的骨架组成，那么能否将这个"实验室"搬到地层下来测量呢？X射线衍射实验设备无法做到小型化，但中子仪器却可以实现，因此，元素能谱测井应运而生。

不同元素能谱测井仪结构不同，但都是由一个中子源及若干个伽马探测器组成。当仪器在井下工作时，元素能谱测井仪利用平均能量约为4.6兆电子伏的镅—铍（Am-Be）中子源或能量为14兆电子伏的氘—氚（D-T）中子源发射中子，中子与地层中的原子核发生非弹性散射、弹性散射及辐射俘获等相互作用。地层中不同的原子核有着各自的"身份证"，在中子的非弹性散射过程和热中子的俘获过程中，地层原子核与中子相互碰撞产生出能代表自己特征的不同能量伽马射线，这就是非弹和俘获伽马能谱的由来。

将探测器测量的响应能谱看作所有元素标准谱按照其含量的线性叠加，再利用不同元素的"身份证"也就是标准谱解析测量能谱，可把不同元素的

> **小贴士**
>
> 氧化物闭合模型：地层元素主要以氧化物形式组成，每种元素含量由元素产额与灵敏度因子的比值及归一化因子乘积得到，其中归一化因子满足闭合条件，即所有元素的质量百分含量之和等于1。

含量计算出来，也就是获取地层元素产额，利用氧化物闭合模型等方法确定元素含量。获取了地层各个元素含量以后，再利用矿物化学式中各种元素的原子数量来计算矿物含量，就能实现地层矿物的识别。这就是"反向思维"所带来的好处。

元素测井作为能够精确确定地层骨架组分的测井方法，能够提供极其丰富的信息供地质学家和测井工程师参考。尤其是对于近年来世界各国大力发展的页岩气、致密油等非常规复杂油气资源的勘探开发，元素测井可谓是功不可没，在岩性评价、有机碳含量计算等方面发挥了巨大的作用。此外，应用在套管井中的碳氧比能谱测井技术同样也是基于碳和氧元素的"身份证"来识别地层中碳元素和氧元素的多少（图4.25），判断地层孔隙中是否含有油气的。

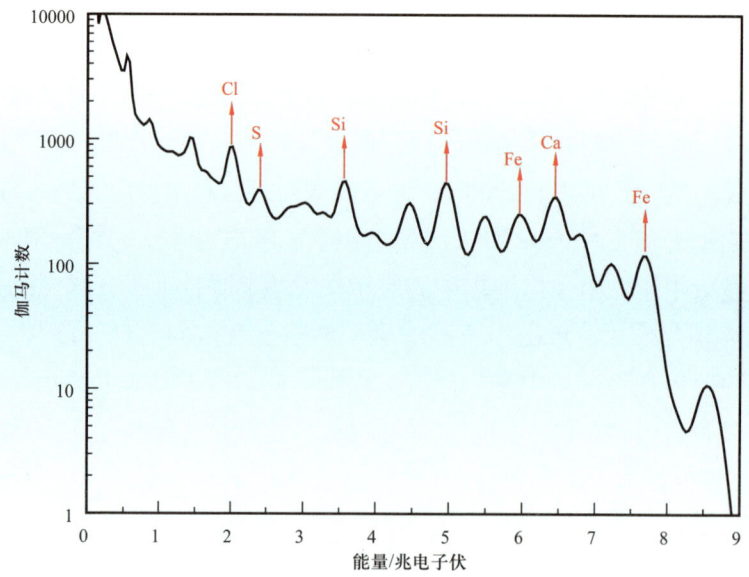

图4.25 元素能谱和不同元素的"身份证"

4.11 给地层流体测"肺活量"的氧活化测井

什么是井下流体的"肺活量"？人能够吸进和呼出空气，地层也可以流入流出油和水，就像人的肺一样。井下流体的"肺活量"就相当于地层对油和水的"吞吐量"。知道了井下流体的"肺活量"可以更好指导石油的生产和开发。

在石油的生产开发过程中，随着石油的开采，地层中的液体会不断减少，油层的压力也会逐渐降低，油层的压力降低之后便难以把剩余的石油开采出来。为了把剩余的油开采出来，就需要给地层注水，给地层补充"能量"，保持油层压力的稳定。因此，在一个油田开发时，除了钻一批采油井以外还要钻一批注水井。为了了解注水井的注水情况，例如注水井把水注到哪里等，就需要测量各个层位的吸水剖面，通过各个层位的吸水剖面就可以判断地层里水的流向和流量。该资料可以通过同位素吸水剖面测井方法获得，也可以通过氧活化测井方法获得。

氧活化测井是活化测井中的一种。原子核活化后的不稳定放射性核素能自发地放出射线，通过衰变形成稳定的核素。不同放射性核素能发射特定能量的伽马光子且具有确定的半衰期，根据这种性质可识别硅、铝、钠等许多元素和相应的矿物（图4.26）。

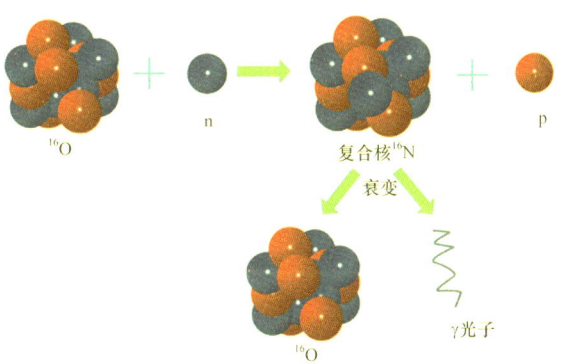

图 4.26　氧活化测量原理示意图

> **小贴士**
> 中子能与某些核素的原子核相互作用，使原来稳定的核素转变为不稳定的放射性核素，并以固定半衰期发生衰变，这便是活化核反应。

氧活化水流测井仪通过氘—氚中子源放射出 14 兆电子伏的中子，与井中水流中的氧元素发生活化反应。该核反应放射出的射线可以穿透井中的流体、油管、套管和水泥环等井眼物质，最后被仪器的探测器接收，将探测器计数进行累加便得到对应的伽马射线时间谱。通过对伽马射线时间谱的测量来反映油管内、环形空间、套管外水的流动情况。这个过程就像在高速公路上的汽车经过区间测速路段，分别经过测速起点和测速终点两个位置，那么利用区间距离和经过区间的时间就可以求出汽车行驶的速度。图 4.27 为一种氧活化水流测井仪的结构，可以实现水流流速的测量。

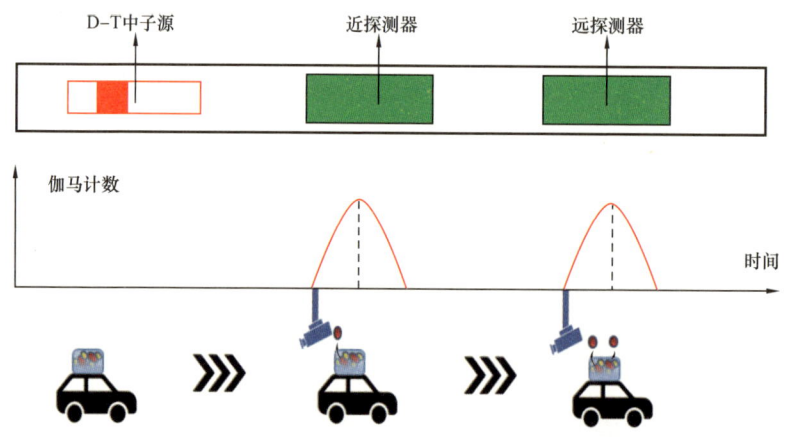

图 4.27 氧活化仪器示意图

知道了氧活化的测量原理和仪器结构，那么怎样测量井下流体的"肺活量"呢？在氧活化的测量过程中有以下两个原则：顺流测量、流量守恒。顺流测量原则顾名思义就是顺着水流的方向来测量。流量守恒原则就是每个位置的流入量等于流出量。在已知水流动空间截面积的情况下，通过水流速度可计算出水流量。测量时遵循顺流测量原则和流量守恒原则，在每个射孔层位必须有一个测点，按照水流的方向依次测量，这样便可以测量井下的"肺活量"了！

氧活化测井可在油田的开发中大放异彩！这是由于氧活化不存在放射性污染，测量结果准确可靠，对解决注聚井和疑难注入井等方面的难题有明显的优势。自 1999 年在国内应用以来，该技术不断完善，应用规模不断扩大，为油田开发提供了大量有用的资料。

4.12　测量热中子存活时间的中子寿命测井

原子核是由人们十分熟知的两种微观粒子——质子和中子组成。有趣的是，人们发现在稳定核素的原子核中，因为中子和质子紧紧抱在一起，原子核比较稳定，不容易被打散。但是中子一旦脱离原子核成为自由中子，就会很快产生衰变。这也就是说，中子有没有被束缚在原子核内，其命运截然不同。

一般来说，与中子不同，质子的状态就非常稳定。比如，在原子核外，自由的质子可以非常稳定地保存很多年；而自由的中子却只能存在大约 15 分钟左右，在经过短暂的固定状态后，中子就会衰变成质子、电子和反中微子。

热中子在产生后直到被原子核俘获的整个过程中，所用的时间就是热中子寿命，它取决于原子核俘获热中子能力的大小。在石油测井中，热中子是怎么产生的呢？快中子进入地层后，经过与不同物质的原子核多次碰撞，能量不断降低，当能量变为 0.025 电子伏时就成为热中子，这一过程也是快中子的减速过程。

那么快中子减速为热中子之后会发生什么作用呢？当热中子在地层迁移时，会像气体分子一样到处扩散，从中子密度大的区域向中子密度小的区域扩散，在扩散过程中会因与地层原子核发生俘获而消失。所谓热中子被俘获，指的是热中子会与地层原子核进行结合，同时会释放出具有强大能量的伽马射线。

由于每一种元素俘获热中子的能力是不一样的，故热中子停留在化合物中的寿命也不尽相同。例如，热中子在石英中最为长寿，寿命可高达1070微秒，而在淡水中仅为205微秒，在原油中和在淡水中的寿命相近。另外，一个氯原子俘获热中子的能力几乎是氢原子的100倍，假设水中溶有大量氯化钠，换句话说，也就是热中子如果处于矿化度很高的水中时，寿命会比在原油中短得多。

那么，该如何利用中子这把钥匙来判断孔隙中含有的流体类型呢？中子寿命测井给出了答案。简单来说，中子寿命测井探测的是热中子被原子核俘获后放出的伽马射线强度，伽马射线强度的衰减速率能够反映探测范围内热中子数的衰减速率，经数据处理可得到地层的热中子寿命（图4.28）。

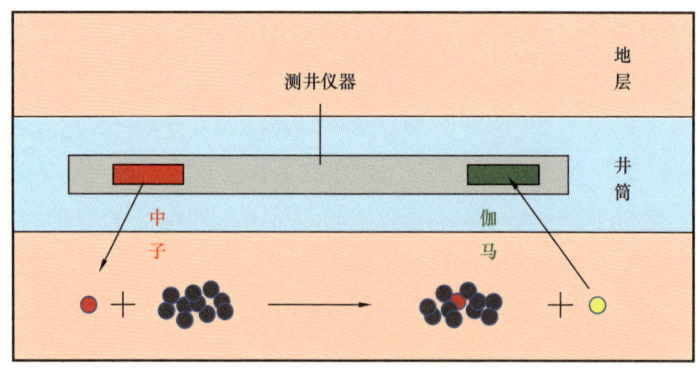

图4.28 中子寿命测井示意图

> **小贴士**
> 地层宏观俘获截面指的是单位体积内所有原子核与热中子发生辐射俘获反应的总的概率，与岩石密度、质量数、元素微观截面等参数有关，单位为厘米$^{-1}$。实际应用中这个单位太大，常把它的千分之一定义为一个俘获截面单位，用cu来表示。

正如前面所说，每种元素俘获热中子的能力是不同的，在不同地层条件下，热中子的"存活时间"也就是寿命是不同的，因此，通过得到的地层热中子寿命便可判断地层中的流体类型。在中子寿命测井中常用地层宏观俘获截面来评价地层油气水特性，它与热中子寿命存在倒数关系，一般情况下气的宏观俘获截面为0~12cu，油的宏观俘获截面为18~22cu，而淡水宏观俘获截面为 22.2cu，随着地层水矿化度的增加而增加，这是因为氯元素俘获热中子的能力远远大于其他地层元素，而地层中水的含量以及矿化度又常与氯离子含量有关（图 4.29）。

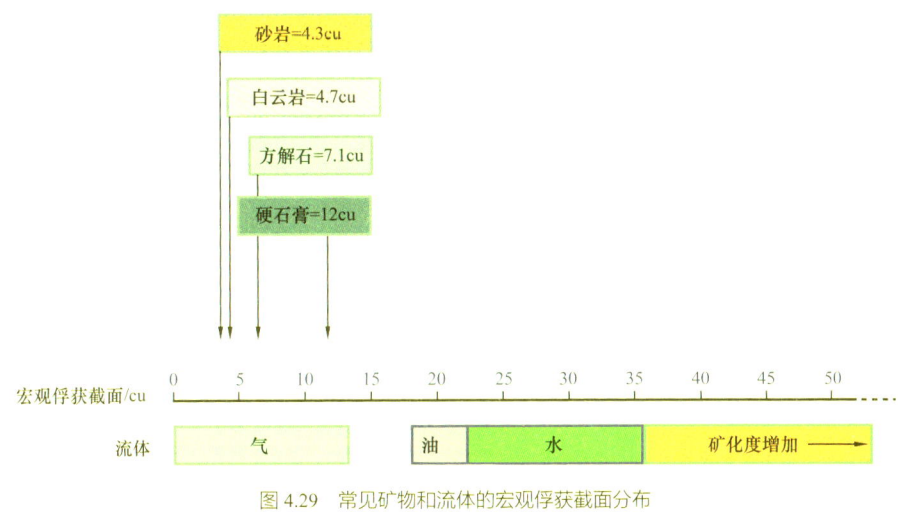

图 4.29 常见矿物和流体的宏观俘获截面分布

利用得到的中子寿命可在套管井中识别地层中的油、气和水，同时还可以利用测量宏观俘获截面和伽马计数比来定量计算含气饱和度。中子寿命测井已成为套管井中一种广泛应用的剩余油气动态监测技术，为油气高效勘探开发发挥了重要作用。

4.13 "鼻子长在钻头上"的随钻核测井

核测井利用放出中子或者伽马射线等的源作为"加热炉"，地层物质作为"食材"，烹饪后会因为食材的不同而散发出不同的"香味"，人们通过辨别"香味"的组成就能在脑海中想象到烹饪的食材种类。随钻核测井就像人的鼻子一样，通过嗅探放射性粒子与地层物质发生相互作用后产生的"气味"，大脑对所嗅到的气味进行判断，一方面不仅可以分辨出这种气味是来自于哪种物质组成的地层,另一方面还可以利用"鼻子"追踪气味来源,进而找到美食所在的"位置"。在大斜度井和水平井条件下,将核测井仪器放在钻头后边的钻铤上,伽马探测器就是闻"气味"的"鼻子",一边钻进一边获取地层的各种资料,这就是随钻核测井(图4.30)。

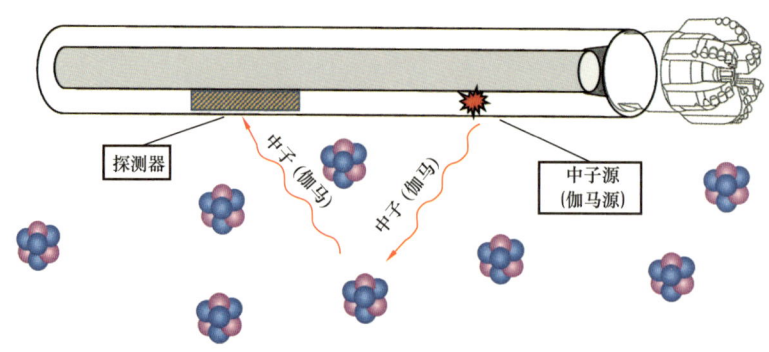

图4.30　随钻核测井示意图

随钻核测井仪器由钻头、携带的放射源和探测器三个部分组成。但是随钻核测井不是仅仅只由一根仪器构成,那么它的具体构成和作用过程是什么样的呢?以人的身体部位打个比方,放射源和探测器构成了随钻核测井的"鼻子",地层信息通过随钻核测井仪器上的"鼻子"传递到上层"大脑"即决策中心,通过决策中心得出指令,指导"双脚"即钻头进行移动。这样便构成了从气味到身体的循环控制,指导人们找到"气味"来源。

随钻核测井其实和电缆测井一样,能够实现多种参数测量,根据其放射源和探测器的组成不同,以及其所测量的信息不同,可以粗略分为随钻伽马测井、随钻密度测井、随钻中子测井等。

地层存在天然的放射性,测量地层天然放射性的就是自然伽马测井。那么在随钻条件下,自然伽马测井又是什么样呢?原来,随钻伽马仪器采用四个伽马探测器沿着仪器中心向四周排列,分别测量在不同方向的地层伽马值即地层的"气味",对仪器所处的位置进行判断,通过将这个"气味"信息传递到"大脑"——决策中心,钻头接收"大脑"发出的信息,对自己的钻进轨迹进行调整,进而实现对气味来源的追寻,这便是随钻方位伽马最重要的应用——随钻地质导向。

如果说随钻方位伽马闻到的"气味"是由"地层"自身所散发出来的，那么随钻密度测井所闻到的气味便是仪器自己散发出来的。随钻密度测井使用伽马源作为"火"，通过使用伽马源这把炽热的火对地层进行"烘烤"，烘烤后飘散出来的气味便可以进入"鼻子"，从而判断出正在制作的是什么美食。在进行随钻密度测井时，使用特定的放射性源，放射性源放出的放射性粒子与地层发生相互作用，通过测量相互作用后产生的伽马计数可以对地层密度进行计算。在随钻密度测井中，放射源与探测器位于钻铤中的开槽内，在地层钻进时，钻铤随之转动，密度测井仪器也随之转动，因而可以测量沿着钻进方向的井周方位密度。

由于随钻核测井具备边钻边测的功能，测井装置位于钻头位置处，能够随着钻井进行实时测量，因此就像人的鼻子一样，可以通过闻到的气味辨别气味来源，在油气资源的开发中能用于地质导向、指导钻进、对复杂井和复杂地层进行实时评价，逐渐成为大斜度井和水平井的主要测井方式。

4.14 测量储层孔隙结构的核磁共振测井

在医院中，核磁共振成像可以帮助医生诊断疑难杂症。利用相似的原理，将核磁共振测井仪器放到井中，可以测量地层的孔隙结构、流体等信息。医学核磁共振与核磁共振测井的区别在于医学核磁共振测量对象（人体）在仪器的中心，而核磁共振测井时仪器在测量对象（地层）的中间，也就是井眼里（图4.31）。

不是所有的原子核都具有核磁共振特

> **小贴士**
>
> 核磁共振是磁矩不为零的原子核（如氢原子核），在外磁场作用下自旋能级发生塞曼分裂，共振吸收某一定频率射频辐射的物理过程。1946年，斯坦福大学的Bloch和哈佛大学的Purcell、Bloembergen等人首次发现了核磁共振现象，该现象很快发展成为一种非常重要的测量技术，并在物理、化学、医学及工程领域得到广泛应用。

性，只有那些质子数、中子数中至少有一个是奇数的原子核才可以进行核磁共振测量，如氢（^1H）就具有核磁共振特性，也是核磁共振测井的研究对象。无论是利用核磁共振测井评价孔隙结构还是进行流体性质评价，测量的都是地层中的氢（^1H）。

图 4.31　核磁共振测井和医学核磁共振示意图

核磁共振测井中有两个基本的过程：极化和弛豫。极化是给地层施加一个静磁场，使得地层中的氢核吸收能量、定向排列，宏观上呈现磁化强度。弛豫是外磁场取消后，氢核逐渐趋向随机排列，宏观磁化强度逐渐减小的过程（图 4.32）。

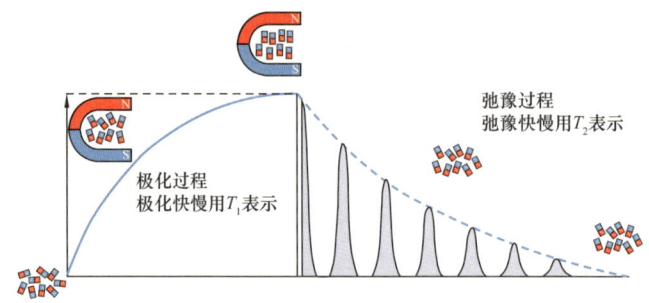

图 4.32　核磁共振测井中的极化和弛豫示意图

饱含水岩石核磁共振信号衰减的快慢，即孔隙中氢核弛豫速度大小，与孔隙半径密切相关。氢核在孔隙中发生弛豫的一个重要原因是氢核与孔隙内壁的碰撞，每碰撞一次，原子核能量损失一部分，磁化强度降低一部分。若孔隙半径小，氢核与孔隙内壁碰撞的机会很多，能量损失快，磁化强度衰减快；若孔隙半径大，氢核与孔隙内壁碰撞的机会相对减少，能量损失慢，磁化强度衰减速度降低。因此，可以通过核磁共振测井中核磁共振信号衰减的快慢来分析储层孔隙尺寸的大小（图4.33）。当然，实际储层中不可能只有一种大小的孔隙，而是具有一定尺寸分布的孔隙集合体，实际测量得到的衰减信号是所有孔隙中氢核衰减信号的叠加结果，因此，不可能通过测得的衰减信号直接评价孔隙尺寸，而必须借助数学反演方法，得到不同的衰减组分及其含量，这一过程就是通常所说的核磁共振 T_2 谱反演。

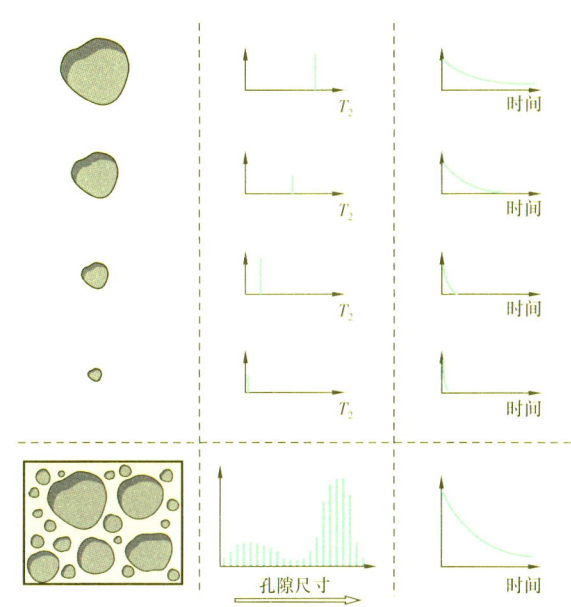

图 4.33　不同大小孔隙中的核磁共振弛豫特征示意图

核磁共振测井是目前唯一能够测量储层孔隙结构的测井方法，利用得到的孔隙尺寸分布，可以进一步评价储层孔隙度、渗透率，以及束缚流体、可动流体饱和度等重要地质参数。除了利用氢核在孔隙中弛豫特性之外，还可进一步利用氢核在外加静磁场中极化快慢、氢核在孔隙中的扩散速度等信息，定性识别储层流体类型、定量评价流体黏度等，这就是二维或者多维核磁共振测井。

五 及时把脉地下油气藏的生产测井

处于高温高压下的油气，如何从数千米的地层中乖乖地流入井筒并升到地面？井筒内流体的"体温"和"血压"会如何变化？运行了多年的油气井，犹如迈入暮年的老人，它的"身体"存在哪些"病症"会影响油气正常生产？如何利用机器人给地层做"活体取样"检查？地下还有多少油气？油博士将对以上问题进行探讨，看一看生产测井如何对油气生产全过程进行动态监测。

5.1 什么是生产测井？

和人类一样，一口油气井也有它漫长的一生，不可避免地会出现油气产量下降、安全生产风险上升等各种各样的"健康"问题。人不舒服时可以去医院，医生通过各种身体指标的化验、检测，能够综合判断身体出现了什么问题。同样，聪明的石油工程师们发明了各种各样的仪器，能够在油气井"生病"时，为它做各种各样的体检，分析"病因"，提出"治疗措施"，这种体检称为"生产测井"，也就是在油气井已经进入产油产气这个生产环节后开展的各类井下测量与测试工作。

要了解生产测井究竟具有什么作用，需要先看一下油气井的基本结构。若把一口井顺着地平面方向切开，顺着井眼的方向就会看到，像拦腰砍断的大树一样，生产井横截面也有一圈一圈的"年轮"（图 5.1）。在这里油气井年轮里的不同同心圆代表的是这口井的不同组成部分。

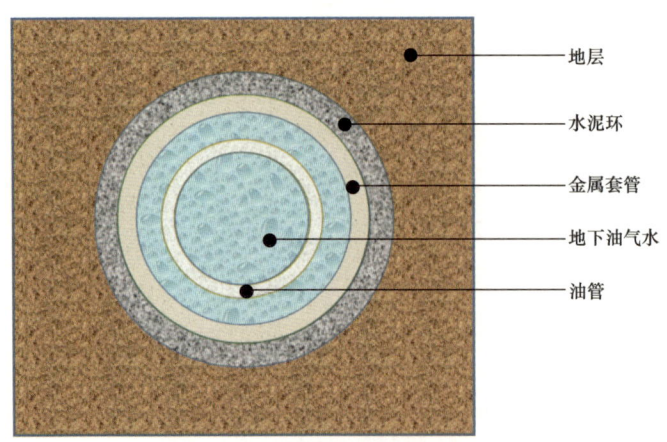

图 5.1　油气井年轮横截面示意图

油气井横截面最外面的部分是地层，所有的地下油气水资源都来自地层。从地层到圆心，第一层是水泥环，第二层是金属套管。顾名思义，水泥环是一种特殊的水泥，它牢牢地将金属套管（也就是一根金属管）与地层粘在一起，在支撑、稳固几千米长井眼的同时，也对地下的油气水层进行了封堵,让不同层不会互相"串门",以免造成污染或者反灌等情况。金属套管里面就是井眼了,在大部分生产井中还会有一根油管。油管是一根直径比金属套管小些的金属管,上面连接着很多生产工具,最终所有的油气水都在压力的作用下从油管上行,流到地面。

根据对油气井里不同位置的检查,生产测井分为三个大类——注产剖面测井、井筒完整性测井和套后储层测井(图5.2)。

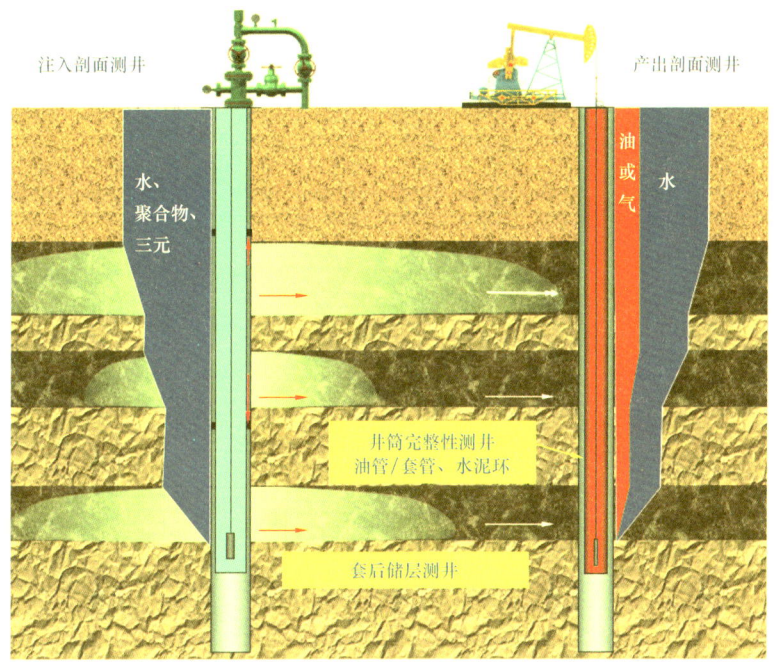

图5.2 生产测井分类示意图

注产剖面测井

当病人去医院看病,最常见的检查就是血液类的分析化验。血压、血糖、血脂等不同的参数能够反映出身体各个器官的健康情况。对于生产井来说,套管和油管内油气水的参数也能反映出油井的很多生产状况。注产剖面测井也一样,是对套管内不同深度位置油气水的温度、压力、流体密度、油水含量等信息进行测量,从而得到井下不同位置注入流体情况和油气水生产状况。例如，一口井突然产油量下降很多，通过注产剖面测井，发现地下2000米至2050米原本是油层，而附近一个水层流量和压力比以往增大很多，那很有可能是水层压力太高，出水严重，把这一层的油给"压回去"了。这就需要通知采油厂实施井下的堵水措施，重新恢复油层的生产。

井筒完整性测井

理想情况下，一口井从头到脚被套管和水泥环牢牢支撑、封闭住，人们按照生产计划只通过射孔（对着套管壁发射射孔弹，打穿局部套管、水泥环与地层）打通一些固定层位，让地层中的油气顺着射孔孔眼汇集到井眼中。但在井下地层各种复杂物理化学作用下，套管和水泥环上可能出现各种裂缝、孔洞、扭曲甚至断裂，产生很多设计之外的流动通道，让地层里应该封闭的位置打开了。这也会严重影响井的正常生产和安全。井筒完整性测井是在油管或者套管里，通过发射电磁波、声波等方式，透过油套管找到深层损伤，并且确定它的尺寸和准确位置，为下一步井下修补作业提供科学依据。井筒完整性测井的目标是套管和水泥环。

套后储层测井

通俗地说，"储层"就是油藏工程师认为存储有油气资源的地层。要想最大限度地把井下的油气资源采出来，一个重要的前提就是要搞清楚储层目前的油气含量、分布区域、地层参数等重要信息，而这些信息在一口井生产过程中是不断变化的。套后储层评价的目的，就是在套管内部对藏在套管外部的地层含油饱和度、地层孔隙度、地层裂缝等重要参数进行测量，帮助油藏工程师科学地分析剩下的油气在哪里，采收它们的经济性如何，用什么手段采收最合理等等问题。

套管是一层金属导体，它对电磁波、声波等信号有显著的屏蔽和反射作用，就

> **小贴士**
> 套后储层评价中"拨云见日"常见的方法之一是利用人工激发高能脉冲中子，依次穿过仪器外壳、油管、套管和水泥环，进入地层，与地层中的不同核素（如油气中的碳元素、地层水中的氢元素和氯元素等）发生碰撞或俘获反应，通过测量碰撞或俘获反应产生的次生伽马射线的强度，进而来计算剩余油气饱和度。

像面对一堵墙，它会把照射到它身上的所有光线反射或者吸收，使墙外侧的人看不到。因此，在套管内部测量储层参数是有难度的。套后储层评价类的生产测井仪器通常采用了特殊的技术，设计了非常强大的信号发射器和非常灵敏的接收器，让探测信号能够穿过套管和水泥环。只有这样才能够做到"拨云见日"——冲破金属套管和水泥环，测量到水泥环外的储层参数。

总之，生产测井主要是应用物理学的方法和原理去解决有关地质和工程问题。生产测井对延长油气井的生产寿命非常关键，越来越受到各油田的重视。

5.2 给地层量"体温"的温度测井

成年人正常的体温一般在 36~37.3℃之间，人们不舒服时经常通过体温计测量自己的体温，便可初步判断是否有异常。地球内部蕴藏着大量的地热资源，地层里的油、气、水如同地球的血液，开采时将地热携带到井筒中。因此，人类也可以通过测量从地面到数千米深井下不同位置的温度变化，推断井下不同位置的"健康状况"。这就需要使用"地层体温计"——井下温度测量仪器，如图 5.3 所示。

油气开发很多因素都会引起井筒内温度场的变化，因此利用温度测井可以解决诸多生产问题。一口生产的油气井往往有多个层位同时开采，合理开发需要确切了解各层产出流体的性质。当井下层位产油时，由于油来自温度较高的地层深处，可能造成产出部位附近的流体温度升高，所以根据井温曲线显示的增温异常，便可以知道哪些部位产油。如图 5.4 所示，当井下油层产气时，由

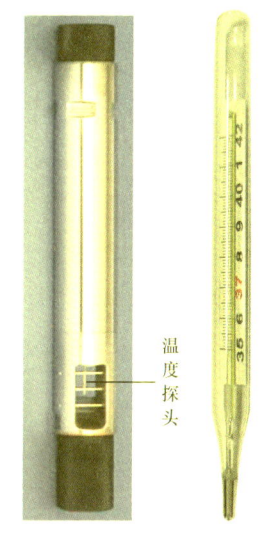

图 5.3 电阻温度计与体温计对比

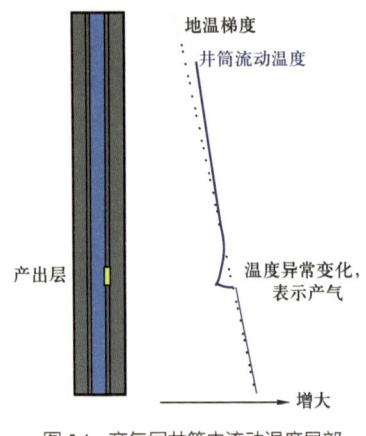

图 5.4 产气层井筒内流动温度局部降低示意图

于气体来自压力较高的地层深处，而产出部位附近的压力较低，可能因体积膨胀致使温度降低，所以根据井温曲线上降温异常，可以判断产气层的位置。

为了提高原油采收率，国内许多油田采用注水方式驱替地层内的原油。当向油井内注水时，由于吸水井段的温度主要取决于注入水的温度，而其下部未吸水地层的温度主要受原始地层温度的影响，根据井温曲线上明显的台阶状变化，可以确定二者的界面位置。如果停止向油井内注水，间隔几小时多次测量井温曲线，由于吸水地层的温度受注入水的温度影响大而恢复慢，未吸水地层受影响小恢复得快，因此根据井下不同部位温度恢复情况，还可以确切知道究竟有哪些地层吸水。

为了提高油气产量，经常采用对油层进行酸化、压裂等储层改造措施。酸化相当于药物治疗，用酸液将地层孔隙中的堵塞物溶解。压裂就像手术，人为地使地层产生裂缝，改善油在地下的流动环境，使油井产量增加。当对油层进行酸化时，进入地层内的酸溶液会发生放热反应，造成相应部位温度升高，所以根据井温曲线上显示的增温异常，便可以判断哪些油层见到了酸化效果。当对油层进行压裂时，进入地层内的低温压裂液会导致温度降低，因此根据井温曲线上显示的低温异常，可以判断哪些油层被压裂开了。

常见的井下温度测量仪主要包括电阻温度计、热电偶温度计和分布式光纤温度传感器。如图 5.5 所示，电阻温度计主要是利用金属铂丝的电阻与温度之间的函数关系来测

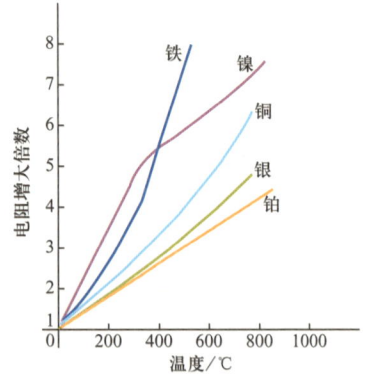

图 5.5 金属铂丝的电阻随温度升高而线性增加

量井筒温度，一般情况下，温度上升，铂丝的电阻会呈线性关系增加。铂丝的电阻对温度变化的灵敏度非常高，可以使测量精度达到 0.01℃。

> **小贴士**
>
> 分布式光纤温度传感器：光纤类似"人造神经"，它可以感知和测量各种物理量的变化；分布式光纤温度传感器利用布置在井筒中的光纤发出光脉冲，一些光以反向散射的形式反射回来，包括瑞利散射、布里渊散射和拉曼散射。其中拉曼波段包括斯托克斯信号和反斯托克斯信号。二者强度的比值与井筒中温度的变化成正比关系，因而可以用于温度的测量。

5.3 给地层量"血压"的压力测井

血压是表征人体是否健康的重要指标。西医在诊病的时候，往往用血压计先量一量血压。中医看病一般首先要"把脉"，根据血管中压力的波动情况，诊断患者得的是何种疾病。有趣的是，地下的油层在开发中，也需要经常"把脉"，通过压力测量来判断它的"健康"状况，评价它能否正常生产石油。

俗话说，"压力就是动力"，包含着很多科学道理。打开水龙头时，自来水会流出来，是由于水管中水的压力比大气压力高。同样的道理，要想把地下数千米深的地层内的油气开采出来，也必须使得油气层内的压力高于附近井筒内的压力。因此，开采油气必须要准确地知道地层和井筒内的压力。

压力测井有很多种测量方式，用途也非常多。一种方式是测量井筒内流体的压力，可以根据压力的大小估计流体的物性参数，也可以根据垂向每米的压力变化（称为压力梯度）大小估计油井内流体的密度，还可以结合测量的油层压力，评价油层的生产能力。另一种方式是测量地层内的压力，可以根据压力梯度大小估计地层内流体的性质，也可以根据地层内压力传播过程的变化，估计岩石的渗透性，确定地层边界和断层影响等。

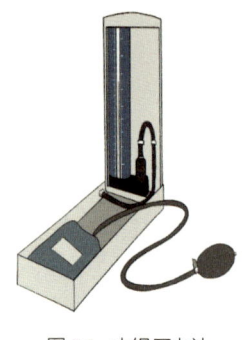

图 5.6 水银压力计

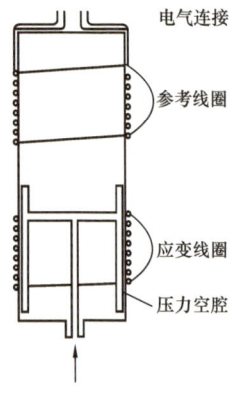

图 5.7 应变式压力计结构示意图

人们发明了各种各样测量压力的方法。在地面测量大气的压力和血管的压力，只需采用简单的水银压力计即可，如图 5.6 所示。但是，地下数千米深的井筒内温度和压力非常高，因此测量井下压力要采用更为复杂的电子仪器——井下压力计。它是由压力传感器和复杂的电子线路组成的。

目前常用的井下压力计主要有应变式压力计和石英晶体压力计两种。石英晶体压力计是根据石英晶体受外力作用后将产生表面束缚电荷的原理设计的。石英压力计的传感器采用两个石英晶体，可以对温度的变化影响进行校正，具有很高的测量分辨率和精确度。

应变式压力计如图 5.7 所示。应变式压力计是根据金属导体发生机械变形时应变线圈将产生电阻变化的原理设计的。由于可以检测到金属导体极微小变形产生的电阻值变化，因此应变式压力计能够测量快速变化的压力。

5.4 测量地层"产量"的流量测井

当在家中打开水龙头时，自来水表便开始计量你用了多少水。这个水表就是一种流量计。人们开采石油也需要知道每个油气层的产量是多少，以便掌握油气层的生产能力，同样也必须使用流量计。

石油是从地下数千米深处的地层里开采出来的，要想测量油气层的产量，需要把流量计沿井筒下到油气层所在的部位去测量，这就叫流量测井。由于井筒内数千米深处的压力高达数百个大气压，温度往往超过 100℃，并且井筒的直径通常只有 10 厘米左右，因此必须采用特殊的井下流量计。它由流量传感器和复杂的电子线路组成。

流量测井采用的流量传感器包括涡轮流量计、示踪流量计、超声流量计、电导相关流量计和浮子流量计等很多种。在流量测井时，通过流量传感器进行平均流速的测量，进而结合流体的截面积来测量体积流量。图5.8是最常用的涡轮流量计，它的测量原理与风车类似（图5.9），风会吹动风车叶片，使其发生旋转，当风力越大时，风车叶片旋转速度就会越快。涡轮流量计主要由装在枢轴上的叶片组成，涡轮叶片具有一定倾斜的角度，当流体流过叶片时会产生一个转动力，使得涡轮转动。流体的速度越高，涡轮的转速也越快。测量记录涡轮每秒转动的周数，便可以推算流体的速度和体积流量。

> **小贴士**
>
> 示踪流量计由一个喷射器和两个伽马探测器组成。测量时，首先用喷射器向井内流体中喷射一种带有放射性同位素的液团，并随着流体一起流动。通过测量放射性液团经过两个伽马探测器所用的时间，可推算流体的速度和体积流量。

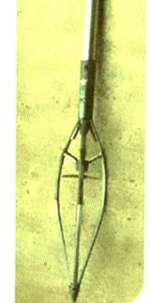

图5.8　涡轮流量计结构和叶片

图5.9　风车

5.5 区分井下流体类型的流体识别测井

由于油气藏形成过程中底部往往会同时储集一些水，并且在开发过程中往往通过向油气层注水驱替油气并保持地层压力，因此开采油气的同时，不可避免地也要采出一些水来。但是，如果采出的流体中含水过多，就会影响油气的生产。我国大部分油田目前已进入开发的中、后期，油井产液的平均含水率已超过80%，所以必须通过测量找出水是从什么地方产出来的，以便采取技术措施控制水对油气生产的不利影响。

流体识别测井是专门用来监测区分井内流体是油气还是水的，同时确定混合流体中油、气、水的含量及沿井筒分布的规律。测量原理是根据油、气、水的物理性质差异，采用人工物理场方法，测量出井内流体的物理性质参数，进而识别流体的性质。常用的测量方法有两类：流体密度测井和持水率测井。

流体密度测井主要包括放射性流体密度计、压差密度计和音叉密度计三种。如图 5.10 所示，一般井下地层水和原油的密度分别为 1.1 克/厘米^3 和 0.8 克/厘米^3 左右，天然气的密度受地下的温度和压力影响变化比较大，但一般远小于原油的密度值。如图 5.11 所示，放射性流体密度计利用一个伽马源和一个电子计数管构成探测器，伽马源放出中等强度的伽马射

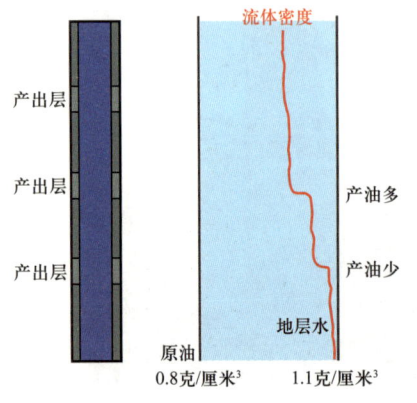

图 5.10 产油层处的密度变化示意图

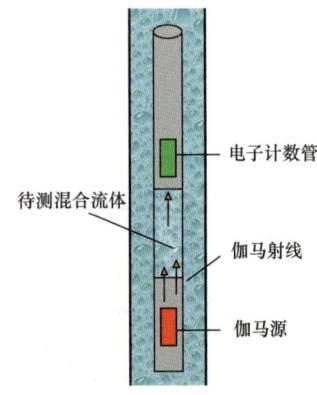

图 5.11 放射性流体密度计示意图

五 及时把脉地下油气藏的生产测井

线，穿过流体时发生康普顿效应而衰减，衰减大小与流体密度有关，从而可以测出井内混合流体的密度。而压差流体密度计利用间距约 60 厘米的两个压敏箱，测量流体的压力梯度，求出井内混合流体的密度。音叉密度计利用振动音叉的惯性响应特征，来确定井下混合流体的密度。因此，根据密度大小可以判断流体性质，同时可以求出持水率或持油率的大小。

持水率测井主要包括电容持水率计、电导持水率计、阻抗持水率计和光纤持气率计等。持水率表示的是水相在整个井筒横截面上所占的面积比例。如图 5.12 所示，电容持水率计采用柱状电容器，测量时流体作为电介质从内、外电极中间流过。由于油气与水的电容率相差几十倍，于是测量与电容量有关的振荡频率，便可以判断流体性质，求出持水率。电导持水率计主要利用油、水电导特性的差别来区分油和水。在井筒中建立电流场，两个测量电极间的电压幅度与传感器内部流体的电导率成反比，进而求出油水两相流中的持水率。阻抗持水率计主要测量原理是油、水含量不同会造成油、水混相电导率与纯水相的电导率的比值不同。

> **小贴士**
>
> 光纤持气率计主要是利用从锥形蓝宝石光纤探针反射回来的激光强度的差异来区分气体和液体，如图 5.13 所示。当遇到气体时，发生全反射，当遇到液体时，反射的光较少或不反射。

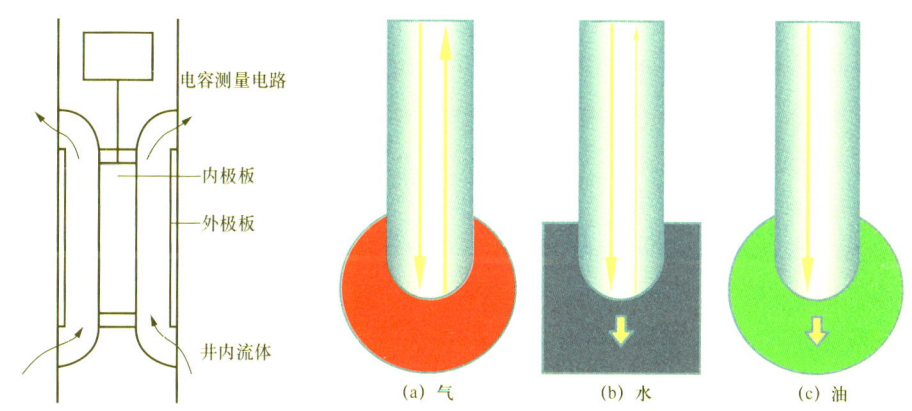

图 5.12　电容持水率计的结构示意图　　图 5.13　光纤持气率计测量原理示意图

113

5.6 给井下流体拍照——流动成像测井

流动成像测井就是将"摄像机"下入油井中的产层位置,"拍摄"油水在井眼中流动的图像。这个"摄像机"就是阵列流动成像测井仪。"拍摄"油水流动图像的目的是观察原油和水是从哪里进入油井的。

原油储存于储层岩石孔隙之中,在地层压力作用下,原油从远处储层被驱赶到油井附近,又从射孔孔眼流入到井中。但储层孔隙中不光含有原油,通常还含有地层水。地层水随同原油一同被驱动到井内。此外,注水井的水也会有一部分驱入油井。原油和水从多个射孔孔眼流入油井并汇集起来,最终被抽油泵抽吸到地面。

> **小贴士**
>
> 水淹现象:油井产水对原油开采是非常不利的,尤其是对水平井产油影响更大。地层水一旦从某一井段突破进入井筒中,就类似于电路中电阻短路,地层水会迅速涌入到井内,原油的流动就被阻断,油井含水快速上升,产量锐减。

"水淹"对油井采油的影响是灾难性的。油井一旦出现"水淹",就要对进水井段进行封堵,否则油井不能恢复正常生产。油藏工程师的目标就是时刻监测油井的进水状态,通过控制采油井的产量和注水井的注入量等手段,尽可能延缓"水淹",从而使油井有更长的生命周期,采出更多的原油。

为了预防和治理水淹,观测井中的产油、产水状况就非常重要。需要采用仪器下井"观察"各井段的油水流动状况,查清哪些井段产油、哪些井段产水。尤其是对于已经水淹的井,只有找准"见水点"位置,后续的封堵作业才会有的放矢。

如果能对井内的流体流动进行"拍照"成像,就可以直接观测井内油、气、水的分布和流动情况,准确地分析油、气、水从哪个位置进入井筒。那么用什么样仪器才能"看清楚"井内产油、产水状况呢?一个自然的想法就是把摄像机送入到井内,直接录制井筒中原油的图像。事实上已经有这样的"井下摄像机",在井下仪器上安装了摄像头和光源,仪器下井后对井内流体拍照，再利用光缆将井下的视频信号发送到地面。这项技术看起来挺好，但有一个致命的缺陷，就是井眼中水含有大量杂质，透明度不能满足要求，而且原油也会弄脏摄像机镜头，因此多数情况下不能拍摄到清晰的油水流动图像。只有在少数水质良好条件下，可以清晰地观察到油泡从射孔孔眼进入井内的过程。

为解决这一难题，测井研究人员采用了"阵列"成像测量的方法，在流动成像测井仪器上设计了多个活动支臂，下井时支臂收拢，测量时支臂张开。每个支臂上都安装一组传感器，传感器包括微电容探针、电导探针、光纤探针和小涡轮流量计。这些探针传感器可以分辨流过流体是油、气还是水，涡轮流量计还能测出流体流速，如图5.14所示。在一个截面上多个位置的油、气、水测量数据，通过电缆传输到地面，地面的软件就可以勾画出流体在井眼截面的分布图像。

图 5.14 流动成像测井仪

测量水平井时，流动成像测井仪还要串联一台"井下牵引器"，牵引器带动井下仪器在水平段前行。牵引器的力量非常大，达到几百千克力，可以举起3个成年人了。仪器在行进过程中，对流体进行"扫描"，就可以连续"拍摄"每一井段的流体图像，如图5.15所示。图中的油、气、水分别用红、黄、蓝三种颜色标出。根据流动成像结果，哪些井段产油、哪些井段产水就一目了然了。

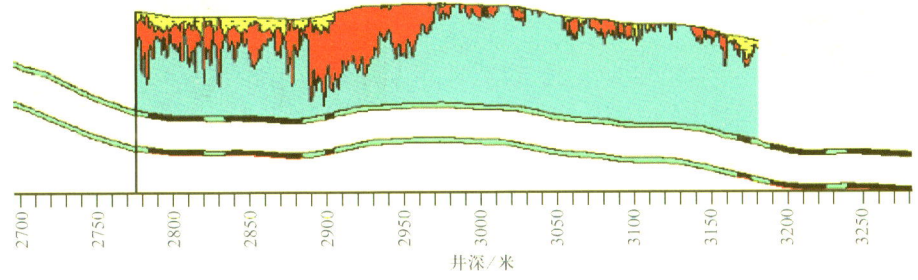

图 5.15 井眼内油气水流动成像示意图

流动成像仪结构有圆环形、三角形等多种形状，安装在上面的微型测量探头数量有 6~24 个，即便如此，井筒中的有些位置还是不能全部测量到。

大家会发现油气水流动的图像和想象的不一样，成像的清晰程度与光学摄像相比也有差距。情况确实是这样的。由于井下条件和测井成本的限制，只能在井眼截面的几个典型位置安装传感器。但即使这样，根据图像也可以了解油、气、水的分布，为油藏工程师提供非常宝贵的流体产出信息，以判定是否水淹，出现水淹如何封堵，以及封堵哪些位置。

5.7 给油井做"体检"的井身状况检测测井

不管是油井、气井、注入井等都是生产井，井内都安装有金属套管，而随着长时间的采油和注水，套管也会发生损坏。就像人一样，不光劳动还需要休息，过度劳累就会生病，寿命缩短。生产井也需要保养和体检。油管、套管如同人身体里的胃，不保养就容易得胃病。为了能延长生产井的寿命，就需要定期对井中的"胃"进行检查保养。与医院里的胃镜类似，测井工程师向油井内下入摄像机（井下光学成像测井仪），通过光缆把井下图像传输到地面，通过计算机屏幕观看井下的情况，如图 5.16 所示。

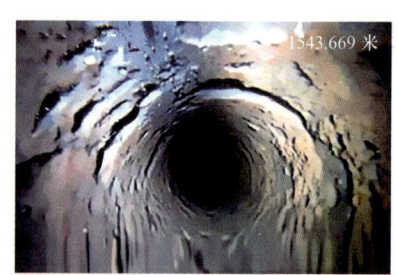

图 5.16 井下摄像仪器及拍摄的油井内的图像

但是这种方法有局限性，人做胃镜肠镜之前得"清肠"，将肠胃处理得干干净净，而井里液体却很污浊，想要拍摄到清晰画面，就必须清洗油井。而洗井成本很高,也影响油井的正常生产,因此井下摄像机的应用有局限性。

直接观察井壁有困难,科学家还有许多其他的办法。大家知道"盲人摸象"的道理,即使是盲人,通过触摸大象全身各个部位,再通过大脑构图,也能知道大象的模样。测井科学家发明了一种机械手——多臂井径测井仪。这个仪器的机械手很像人手,人手只有五根手指,而多臂井径仪的"手指"可以多达几十个,例如六十臂井径仪就有60根"手指",如图5.17所示。机械手在下井过程中是收拢的,以防止"受伤",测井时张开并接触套管内壁。同时,测井仪器向上缓慢拉动,多个"手指"边走边"触摸"套管内表面,井下采集芯片记录各个"手指"测量的井径值,再通过测井电缆送到地面计算机进行成像处理。这样就能全面地了解套管变形情况,如果套管有弯曲、孔洞、破裂、腐蚀等损坏就一目了然了,如图5.18所示。如果发现套管有破裂和孔洞等严重损坏,修井工程师就要根据成像结果对油井进行修复。

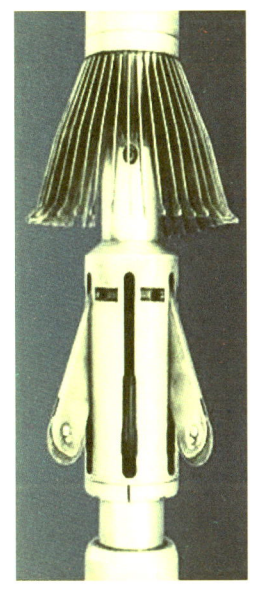

图 5.17 六十臂井径测井仪

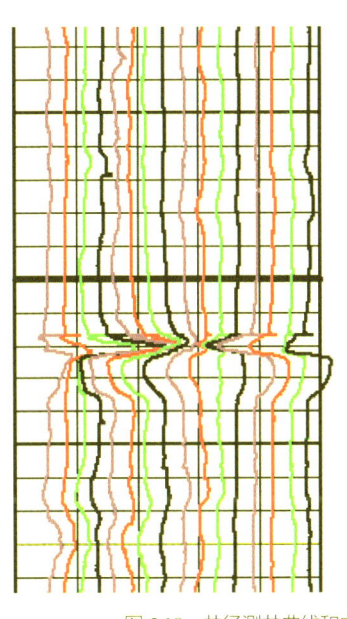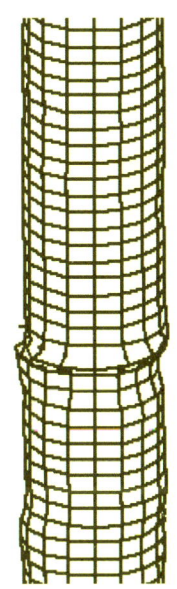

图 5.18 井径测井曲线和立体示意图

套管内壁检查解决了，对于套管外壁损伤，比如腐蚀，有没有办法检查呢？测井工程师还发明了一种壁厚测量仪——电磁测厚测井仪，如图5.19所示。测井仪发射一种低频电磁波来测量生产井金属管的厚度，如果套管壁厚发生变化，电磁波信号就会反映出来。仪器把检测到的信号记录下来，解释专家通过看"片子"（测井成像图）就可以判断套管外壁的损伤状况。

图5.19　电磁测厚测井仪

对生产井的体检和人的体检是一样的，不能仅通过一种手段就判定病因，人们往往通过多种手段组合使用对生产井进行体检。井径仪、测厚仪、井下摄像机可以同时使用，分别检查内径形状变化、壁厚变化、"病灶"形状等等，等于给油井进行了一次全面的检查。

5.8　给地层做"活体取样"的地层测试测井

地层测试器

小陈最近感觉腹部不太舒服，他请假去医院进行了体检。医生给他开了一个长长的单子，让他逐项进行检查。他首先来到内科，医生用听诊器进行了初步的检查；之后他又去了B超室，医生用超声探头在他的腹部进行检测，认为有些异常。小陈按要求进行了核磁共振和CT的检查，排除了其他的问题。拿到所有检查结果后，小陈来到了医生办公室，医生看了半天后对他说："从结果上看，你的腹部有一个肿瘤，通过现有的检查手段，只能做一个基本的判断。如果要明确肿瘤是良性还是恶性，建议你进行手术，手术后可以进行活体组织检查，这样就能确定有没有问题。"

小陈说："这个我明白，我就是从事石油测井研究的工程师。测井有很多技术手段，类似于B超、核磁共振和CT，这些都是间接测量，而通过地

五　及时把脉地下油气藏的生产测井

层测试则可以取出地层的流体，真真实实地看看是油还是水。"

小陈说的这个地层测试是什么呢？为什么这么有用？

石油往往存储在地下很深的地方，有的可以达到上万米。而在这么深的地方，并不是像大家想象的那样，地下是一个石油的仓库，里面装满石油，而是不同种类的岩石。有的岩石只是石头，而有的岩石则像是海绵一般，里面有石油。究竟哪个位置的岩石中有石油呢？

这就需要采用测井技术进行检测，比如可以采用声波、导电性、放射性、核磁共振等不同方式，由于地层或流体本身具有不同的特性，利用这些手段就可以检测出地层或流体的性质。这些测量方式与体检中 B 超、核磁共振、CT 非常类似，不需要对地层进行破坏，即可以取得需要的数据。

但是这样的方式也存在很多不足之处。有些地层或流体很复杂，通过这些方式难以得出确切的结论，就同小陈这次的肿瘤一样，只能知道有一个肿瘤，但不知道是良性还是恶性。这样的难题就需要地层测试仪器发挥作用了。

地层测试器包括：液压动力模块，它类似于机器人的心脏，为机器人提供各种动作的动力；单探测器模块是进行"抽血"的操作部分，还可以测"血压"；泵抽模块是"抽血"的内部动力；光学流体分析模块是在井下对流体进行实时分析的部分，完成初步的"验血"功能；取样模块是对流体进行取样、带回地面的部分，用于下一步真正的"活体组织检查"。以上的功能组合，就形成了一个对地层进行体检的机器人。

地层测试器这部机器人到了井下，就可以伸出两条腿把自己固定住，然后在井壁上开始作业，通过一个橡胶做成的封隔器压紧在井壁上，中间打开一个开口，将地层中的流体抽进仪器中，抽取的过程可以检测到压力的变化，知道地层的"血压"情况（图 5.20）。抽取的流体还可以进行实时分析，就像是验血一样，可以知道流体中的成分；同时，还可以将流体储存起来，带到地面进行更深入的分析。这个过程就像是给地层进行了一次"活体组织检查"。这样得到的结果是最直接、最准确的。

图 5.20　地层测试器测量地层压力

"好的,那我就放心了。你也不用太担心,肿瘤恶性的可能性不大,你就配合尽快完成手术,活检后就有结论了。"医生最后对小陈说。

5.9　看地下有多少剩余产能——剩余油饱和度测井

国内的油田就像五花肉一样,肥肉(含油地层)、瘦肉(不含油地层)一层一层地交错混杂,如图 5.21 所示。国内油田开采石油比较复杂,尤其是中后期,都需要向含油地层加压注水,把石油驱赶出来。经过一段时间的注水驱油之后,由于不同位置肥肉的肉质(地层物理性质)不相同,各肥肉块中注入的水不一样多,而且注的水会沿着阻力小的通道跑,这样地层里油水分布就很混乱、很复杂。

五 及时把脉地下油气藏的生产测井

图 5.21 油藏地层与五花肉

随着开采时间延长，储层里原油越来越少。油藏工程师关心储层还有多少原油可采，即还有多少"剩余油"。"剩余油"是指已投入开发的油层中尚未采出的石油。开采一段时间后，五花肉里整层的肥肉没了，但是肥肉块还是有的，这意味着剩余油分布既有零散又有相对集中的部位。这时，要想改善油田开发效果、提高采收率，就需要及时了解剩余油分布的动态变化情况。

测量"剩余油"的测井方法称为剩余油测井。剩余油测井和裸眼测井不同，由于油井中没下金属套管，裸眼测井仪器可以"触摸"地层，直接测"五花肉"的电阻，并根据电阻的大小来判断肥瘦。而剩余油测井必须要透过金属套管进行，测量剩余油的方法主要采用碳氧比能谱测井和中子寿命测井等具有穿透性的中子测井方法。

中子测井就是要向地层发射中子，发射中子的装置称为中子源。中子测井仪携带的中子源分为两类：一类是连续发射中子的同位素中子源，就像太阳，时时刻刻都在放射光芒；另一类是在电路控制下发射中子的脉冲中子源，就像电灯泡一样，通电就发光，断电它就不发光。

测井仪发射高能量的中子，称为快中子（能量高，跑得快）。发射的中子会在地层度过短暂而辉煌的一生。快中子与井眼和地层中的原子核发生各种核反应，产生不同能量的伽马射线。测井仪的探测器记录下不同能量伽马射线的计数率。每种元素与中子发生反应所放出的伽马射线都有一个特定的能量，这个特定能量的伽马射线就是这种元素的"身份证"。例如中子与碳-12（^{12}C）作用发出的伽马射线的能量为 4.43 兆电子伏，与氧-16（^{16}O）作用发出的伽马射线能量为 6.13 兆电子伏。原油中含有大量的碳元素，地层水中含有大量氧元素而几乎不含碳。所以碳氧比能谱测井选用 ^{12}C 作为原油的指示元素，选 ^{16}O 作为地层水的指示元素。这样根据 ^{12}C 计数率和 ^{16}O 计数率的比值大小就能区分出油层和水层，可以算出储层剩余油还有多少。

图 5.22 是碳氧比能谱现场测井的实例。图中给出了两个油层的剩余油分布的测井成果，其中红色代表油的分布，蓝色代表水的分布。由图可知，上部的油层剩余油较多，是潜力层。对该层进行射孔，结果全井日产液 20.5 吨，日产油 17.0 吨，增油效果非常好。

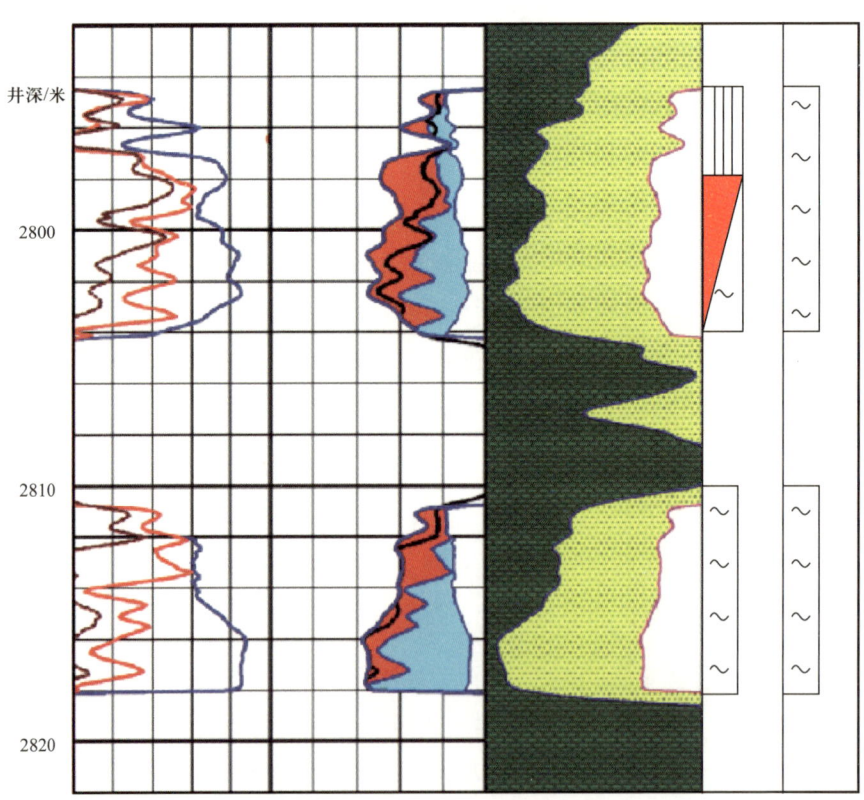

图 5.22 碳氧比能谱测井实例

碳氧比能谱测井是测量剩余油分布非常有用的仪器，还有一种常用的方法是中子寿命测井，也属于核测井。此外，近年来还发展了过套管地层电阻率测井方法。随着技术的发展，剩余油饱和度测井的精度将越来越高，探测的深度也将越来越大。

六 石油测井洞察力
——测井应用

地球物理测井的应用贯穿石油勘探开发全过程,被地质学家誉为深入地层深处、洞察地下油气藏的"眼睛"。大部分油气不是存储在地下硕大的地窖里,而是在比头发丝还细小的孔隙中。利用测井这双明亮的"眼睛",不仅可以看到这些极其微小的孔隙,评价这些孔隙的大小、多少,而且还可以判断孔隙中是含油、含气还是含水,评估油气在孔隙中流动速度的快慢等。

6.1 识别地下千差万别的岩石

对于日常生活中的物品，人们主要根据它们的形状、成分、颜色、大小等特征去识别区分。比如在一盘水果中，红彤彤的是苹果，葡萄穿着紫红色的外衣，橘子瓣好像弯弯的月亮。同样，对于地下岩石的识别也是如此。

从高山到小河，从戈壁到平原，岩石在地球上无所不在，组成了脚下无垠的大地，它是人类赖以生存的基础。在地球表面，大家可以见到各种类型的岩石，如湖泊中的泥岩、河流中的砂岩、溶洞中的石笋等等。不同的形成环境使得它们差别很大，大海中形成的石灰岩可以保存完整的化石，柱状的玄武岩随着岩浆喷发而逐渐形成（图6.1、图6.2）。

图6.1　菊石化石　　　　　　　　　　　　　　　　图6.2　峨眉山柱状玄武岩

正所谓"上天容易入地难"，人们可以通过肉眼、放大镜去识别地球表面的岩石，而地下的岩石却无法直接深入观察。那要怎样才能弄清楚地下深处千差万别的岩石呢？虽然有一定的困难，但是科学家们仍然用他们勤于思考的大脑解决了这个问题。对于地球上已经发现的岩石，地质学家们对它们

做过详细的物理和化学分析。就像通过密度差异,便能很快分辨出相同体积的钢铁和棉花,钢铁要比棉花更重。岩石也一样,同样大小的黄铁矿比石英更重,因此可以通过岩石物理特征将它们区分出来。除此以外,声波在岩石中的传播速度、岩石的导电性等都可以作为科学家们判断岩石类型的参数指标。最重要的是,岩石的这些特征并不会因其深埋在地下就发生改变,所以地质学家们可以将地上的岩石特性作为参考去研究地下的岩石。

由于人类目前并没有办法进入到地下几千米的深处,所以科学家们发明了许多机器代替人类去开展工作,比如测量岩石化学成分的元素测井仪、测量岩石密度的密度测井仪等。通过对不同测井仪器测量得到的信号进行处理与分析,就能获得地下不同深度处岩石的物理、化学特征,利用这些信息可反过来识别地下岩石的类型。

6.2 拍摄和妙用地下岩石高清照片

或许你曾攀上高山、潜过水底,但你可曾驻足想过,脚踩的泥土千丈之下会是怎样的光景?类似的疑问同样出现在石油勘探家的心中:几千米深的地层中岩石和油气会是怎样分布的呢?要想解答这一疑问,最好的办法就是有一台特殊的"透视眼",能在地下给岩石拍一张高清照片。井眼电成像仪器刚好能担此重任。

为了更加有效地勘探和开发油气藏,数十年来,在地质学家和地球物理学家的努力下,井眼成像取得了巨大的进展。正如人类从分辨率为480P的"马赛克"式显示屏向2K甚至4K显示屏的追求一样,从1958年Birdwell公司采用16毫米光圈镜头第一次得到了井眼内岩石的模糊影像,石油地质学家追求井下高清图像的脚步从未停止。2016年斯伦贝谢公司推出微电阻率成像仪器——ThruBit FMI,井眼图像能够覆盖井壁80%的面积,最高可识别0.05毫米宽的微裂缝。微电阻率成像仪器已经成为勘探家解剖未知且复杂地下领域不可或缺的工具（图6.3）。如今，已经能够通过小尺度的电成像和大尺度的地震剖面，来充分获取地下几千米深处的油藏信息，进而精确部署地下油气的"安全通道"，从而提高油气藏的采收率。

年份	事件	年代
2001年	斯伦贝谢公司推出第一套在非导电性钻井液中使用的微电阻率成像仪。	21世纪
1995年	西方阿特拉斯公司推出一种六臂成像测井仪，并与声成像仪结合，称为STAR仪器。	20世纪90年代
1994年	哈里伯顿公司推出微电阻率成像测井仪EMI，六臂，在直径为 $7\frac{2}{8}$ 英寸井眼中的覆盖率为60%。	
1994年	斯伦贝谢公司推出钻头处电阻率随钻测井仪(RAB)能进行实时井眼成像。	
1992年	斯伦贝谢公司推出方位电阻率成像测井仪(ART)，应用的是侧向测井测量原理。	
1991年	斯伦贝谢公司推出微电阻率成像仪(FMI)，为全井眼地层微电阻率成像仪器，在 $7\frac{2}{8}$ 英寸井眼中的覆盖率达80%。这种微扫描成像仪器上设计配有折翼极板。	
1990年	斯伦贝谢公司推出超声井眼成像仪(UBI)，这种仪器同时也是用超声聚焦换能器，为了在加重钻井液中使用，增加了仪器的耐压极限。	
1990年	哈里伯顿公司推出CAST井眼成像测井仪，该仪器也使用了超声聚焦换能器。	
1989年	BRGM公司推出2英寸直径的ELIAS成像测井仪。在小井眼中的覆盖率为100%。	20世纪80年代
1989年	阿特拉斯公司推出CBIL井眼成像测井仪，安装使用了双超声聚焦换能器。	
1988年	斯伦贝谢公司推出第二种型号的地层微扫描成像测井仪。仪器安装有四个成像极板，以改善和提高井眼覆盖率。	
1986年	斯伦贝谢公司推出第一种微电阻率扫描成像测井仪，装有两个成像极板和两个地层倾角极板。	
1984年	壳牌公司推出 $3\frac{3}{8}$ 英寸直径的高分辨率井下电视成像仪。具有模—栅转换和图像的数字再处理功能。	
1983年	阿科公司推出 $3\frac{3}{8}$ 英寸直径的高分辨率井下电视成像仪，具有数字化的模拟记录和图像的数字再处理功能。	
1980年	阿莫科公司推出 $3\frac{3}{8}$ 英寸直径的高分辨率井下电视成像仪。具有模—栅转换和图像的数字再处理功能。	
1971年	莫比尔公司推出模拟井眼电视成像测井仪，直径为 $1\frac{3}{4}$ 英寸。	20世纪70年代
1968年	莫比尔公司推出第一种井下电视仪器，直径为 $3\frac{3}{8}$ 英寸。	20世纪60年代
1964年	壳牌公司使用黑白井下电视照相仪。	
1958年	Birdwell公司使用16毫米光圈镜头进行井下摄像。	20世纪50年代

图6.3 井眼成像技术发展史

就像天文学家用天文望远镜观察行星一样，地质学家用他们的"透视眼"——成像测井仪可以观察地下岩石的形态特征。特别是利用FMI成像仪这个精密仪器，不仅可以判断岩石孔隙发育情况、识别裂缝与孔洞、研究岩石的沉积特征等，而且可以精细解剖和诊断地下哪里有油气分布，从而"对症下药"。

除此之外，还可以根据成像测井图像的特征差异清楚区分出地下岩石的复杂情况，就像每个人的长相生来不同，岩石也有自己独有的特征，而这些特征则取决于不同的沉积环境（图6.4）。因此，成像测井可以帮助石油地质学家解答油气藏的起源问题，如油气藏属陆地系统、海洋系统还是过渡系统，深水还是浅水等。有了成像测井，勘探家便可以分析不同地质年代地层的沉积构造特征，来研究油气藏的形成过程，进而准确确定油气藏里面的油气含量。

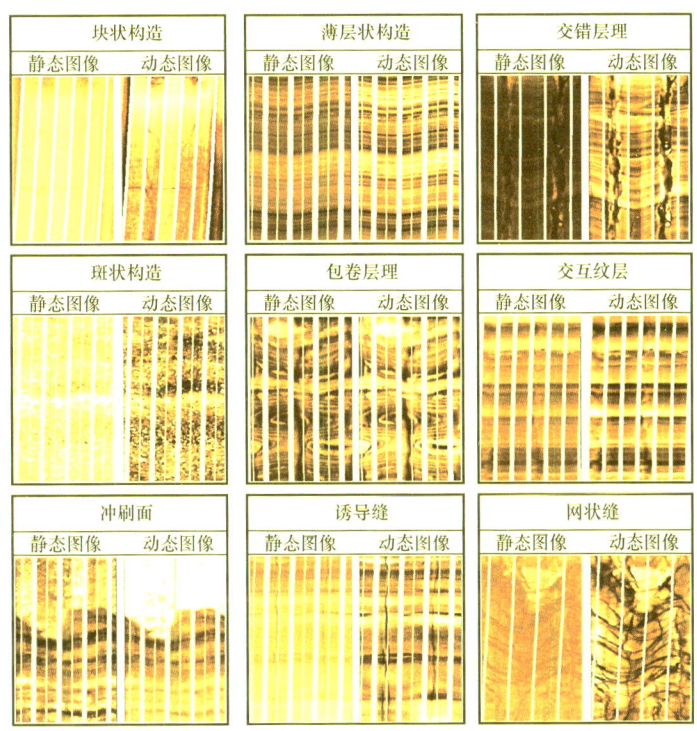

图6.4 典型测井图像及测井相特征

随着科学技术的高速发展，人们利用先进科技"放大镜"的作用对地下深处岩石的认识更加深入，更加全面。石油工业的发展如同乘上了"复兴号"高铁，高精尖的测量技术不断转化为降低资源开采风险的钥匙，以打开地下深处油气藏的"潘多拉魔盒"，获取更大的效益。微电阻率成像测井便是当前科技发展与技术革新的产物，具有功能强、精确度高、适用面广等优点，让石油勘探家们如同具备了"透视眼"一样可以准确确定地下几千米深地层的沉积构造特征，成像测井已经成为油气藏与地层评价的重要工具。

石油勘探家们利用微电阻率扫描成像能够更好地解剖油气藏，将地下几千米深地层中的石油开采出来，造福人类。

6.3 确定岩石中孔隙的大小及多少

有一个特别有意思的小故事，相信很多人都听过。课堂上，一位老师拿了一个装满石块的玻璃瓶放在讲台上，他问学生们："这个瓶子装满了吗？"学生们异口同声地回答："满了！""真的满了吗？"说着老师拿出一小桶沙子慢慢倒进瓶子里，结果沙子沿着石块的缝隙填了进去（图6.5）。紧接着老师又问："这下满了吗？"学生们若有所思都没有回答，然后老师拿出一壶水慢慢地倒了进去，直到水面与瓶口一样平。这么一个简单的小故事启发了很多人，让他们悟出了许多人生道理。

装满石块的瓶子之所以能够装得进去沙子，是因为装满石块的瓶子中存在比沙子还大的空隙；装满沙子的瓶子之所以能够装得进去水，是因为装满沙子的瓶子中存在比水分子还大得多的空隙。储层岩石也是如此，之所以能够存储油气，是因为岩石中存在孔隙。储层岩石中的孔隙，除尺寸比较大的孔

图 6.5 装满石块和沙子的玻璃瓶

洞、裂缝之外，通常比较小，人们肉眼难以看到，必须通过实验或者测量才能观察到（图6.6）。

储层岩石中的孔隙有大有小，科研工作者们根据孔隙的大小将它们分为微毛细管孔隙、毛细管孔隙和超毛细管孔隙。微毛细管孔隙的孔径比头发丝直径的三百分之一还小；超毛细管孔隙的孔径比头发丝直径的十倍还要大；直径小于超毛细管孔径，大于微毛管孔径的孔隙称为毛细管孔

图6.6 岩石中肉眼看不到的孔隙

隙。为了获得地层孔隙直径信息，可以从地层中钻取一小块岩心，到实验室进行孔隙结构测量。测量孔隙大小的实验方法大体上可以分为直接法、间接法两种。直接法有三维高分辨率CT成像等，间接法有压汞、核磁共振等。当然，采用目前新的成像测井技术，如核磁共振测井，也可以在数千米深的井眼中获取不同深度储层的孔隙大小及分布信息（图6.7）。

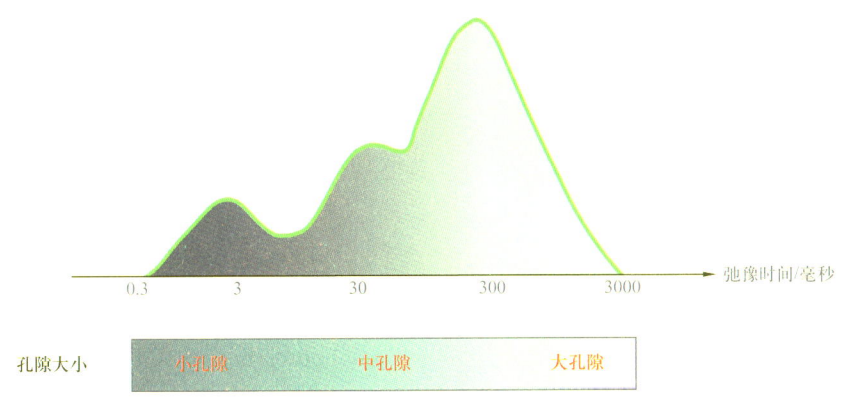

图6.7 利用核磁共振测井评价储层岩石的孔隙大小

地下岩石中孔隙体积的大小，也就是孔隙的发育程度，常用孔隙度这一参数来描述。假如有两个外观体积相同的铁块，一块钻一个小的洞，另一块钻一个大的洞。根据孔隙度的定义，那么后一个铁块的孔隙度大于第一个。

由于未钻洞之前两个铁块质量相同,后一个钻出了更大的洞,钻洞后,后一个铁块的质量小于第一个铁块,后一个铁块的平均密度小于第一块,因此,可以根据等效密度的大小来判断孔隙的发育情况,这也是在地下利用密度测井计算储层孔隙度的基本原理。当然,上面的例子是一个非常理想、简单的情况,因为两个铁块本身的密度是一样的。在地下,组成储层岩石骨架的矿物是复杂的,不同深度、不同层位骨架的密度是不一样的,因此利用测井资料计算孔隙度时,需要考虑岩石的骨架特性。

> **小贴士**
> 孔隙度:储层岩石中未被固体骨架颗粒占据的孔隙体积与岩石总体积的比值(通常用百分数表示),也称总孔隙度。相互连通的有效孔隙体积占总体积的比值为有效孔隙度,在一定条件下流体能够流动的孔隙体积占总体积的比值称为可动孔隙度。

除了利用密度这一物理参数可以评价孔隙度之外,利用声波在地层中传播速度的快慢、中子在地层中衰减的大小也可以计算储层的孔隙度,这就是声波孔隙度、中子孔隙度(图6.8)。

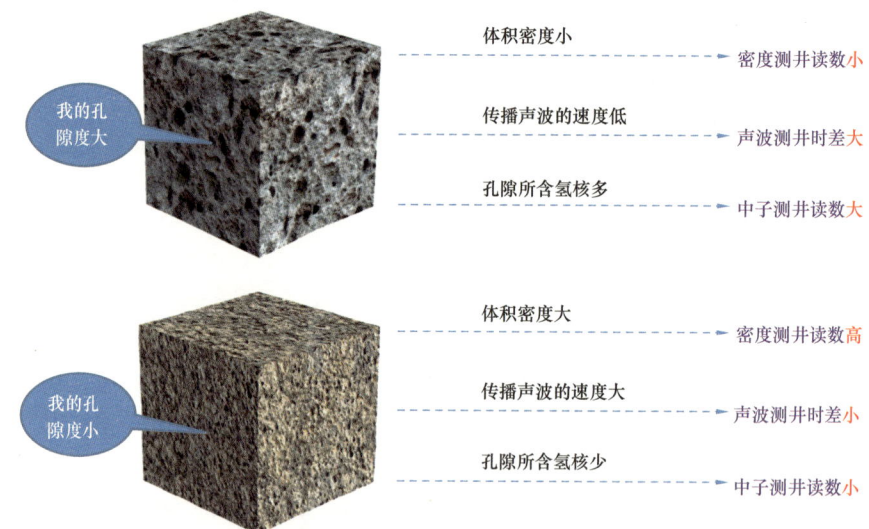

图6.8 评价孔隙发育程度的测井方法

6.4 判断岩石孔隙是否含有油气

油气储存在地下岩石中那些人们肉眼很难看见的细小孔隙中，就像水分充填在西瓜瓤中一样。但不是地下所有位置、所有岩石中都含有油气，地下几千米深处岩石孔隙中究竟有没有油气，这就需要石油工程师通过技术手段去探测、评价和判断。

判断油气在地下的位置是一项艰巨而十分重要的任务。试想，要是油气水判断错了，本以为含油气，花了好大的人力、物力、财力，最后从地下冒出的都是水，那损失就太大了！那么通过什么样的方法能够判断地下岩石孔隙是否含有油气呢？

判断地下岩石孔隙中是否含有油气，最直接的方法无非就是将地下几千米深的岩石取上来，进行直接观察、测量，判断含油还是含气。有的岩石孔隙含有的石油很多，有时甚至能直接观察到岩石中的石油，但是更多的时候需要通过用紫外光照射在岩石表面上，看看是否具有荧光。如果岩石孔隙中含有石油，含有石油的地方会发荧光（图6.9）；如果不含石油，则不会有荧光。之所以称为荧光，是因为这种颜色就像夏天漆黑的夜晚萤火虫发出的光亮。

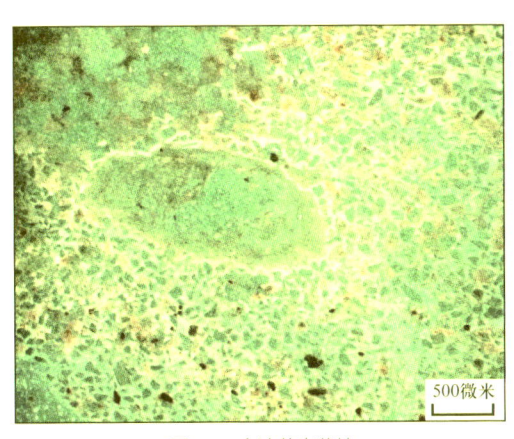

图6.9 含油荧光薄片

通过直接对岩心进行荧光测试判断是否含有油气，很多时候是不现实的。大家可能不知道，要把岩石从地下几千米的位置取上来，那是非常费时费力的，并且成本很高。因此，大多时候需要利用测井资料对储层进行含油气评价，也称测井油气识别。

在识别某个目标之前，必须首先知道它在某个方面的与众不同之处。这就好比要在人群中找某个人，需要知道这个人在身高、服饰或者外貌等方面与其他人的不同之处。人们在地下识别油气也是一样，需要利用油、气与水在某一方面物理特性的差异，通过对物性参数测量结果的分析，判断是油、是气还是水。

油气和水最大的一个差异就是导电性。水能够导电，而油和气几乎不导电。这就和"水果电池"一个道理，水果中的水能够导电，使灯泡发光；而如果将水果中的水替换成油或者气，灯泡就不会发光。利用这一差异，可以通过测量地层的电阻率，根据电阻率的高低判断岩石孔隙中是否含有油气：如果电阻率很低，则岩石孔隙含的是水；如果电阻率很高，则岩石孔隙中含有油气。

当然，还有其他许多方法也能判断岩石孔隙中是否含油气。气和油在密度、对声波传播速度的影响、对热中子减速能力的大小等方面存在差异，利用这些差异，通过对测井获得的密度、声波时差、中子孔隙度等进行分析，也可以对含油气性进行判断。

6.5 确定岩石孔隙中的油气含量

当人们去蛋糕店买蛋糕的时候，面对货架上各式各样的蛋糕，可能大家都想花同样的钱买到最大、最好吃的蛋糕吧，工程师们开采地下石油也是如此，总是希望花费最低的成本开采出最多、最优质的石油。那问题又来了，如何确定地下数千米地层中含油气的多少呢？

虽然石油工程师不能拥有"土行孙"的遁地术钻入地下去实地测量地层孔隙中油气的含量，但依然可以利用测井资料估算地层中油气的含量。可以将偌大的地层想象成一块巨大的海绵，海绵就相当于地层的岩石骨架，海绵内部的空隙就是岩石的孔隙。当海绵被扔进油水混合物时，水、油及空气就会进入海绵内部的空隙中，这里所提到的水、油、空气就分别对应地层中的水、原油及天然气。假设这块海绵为近似长方体且内部空隙相互连通，如果要计算海绵内部油气水的总体积，就相当于计算这个海绵容器可存储流体的体积，那就可以利用底面积 × 高度 × 孔隙度的方法计算，这里孔隙度是指海绵容器中空隙体积与海绵外观体积的比值。

为了计算这块海绵中含油气的多少，还需要知道海绵孔隙中油气体积占孔隙总体积的比值，即含油气饱和度。如果含油气饱和度这个数值也知道了，那么利用前面计算的可存储流体体积乘以含油气饱和度，就可得到含油气体积，这便是容积法计算含油量的基本原理（图6.10）。

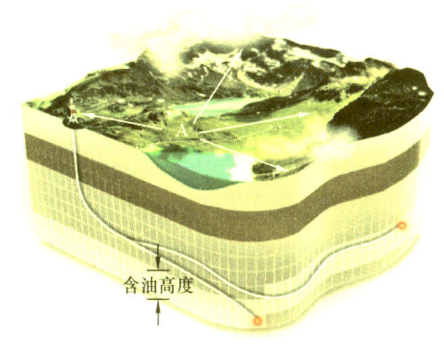

图6.10 容积法计算地层含油量
含油量 = 含油面积 × 含油高度 × 孔隙度 × 含油气饱和度 × 密度

在油气含量计算的公式中，储层含油面积是根据地质、地震资料综合分析得到的，而储层的厚度、孔隙度和含油饱和度这三个重要的参数都是利用测井资料计算得到的，由此可见测井在油气定量评价中具有非常重要的作用。由于不同含油气饱和度下储层岩石的电阻率呈现显著差异，因此目前计算含油饱和度最重要的方法就是利用电阻率测井资料，通过阿尔奇公式进行计算。

小贴士

阿尔奇公式：1942年，美国壳牌公司石油测井工程师G.E.Archie发表的砂岩地层因素与孔隙度、电阻率指数与含水饱和度的定量关系。阿尔奇公式把储层岩石的电阻率同含油气饱和度联系起来，奠定了测井解释油气层的地质基础，对测井含油气饱和度定量计算具有重要意义。

尽管含油气饱和度对岩石电阻率具有显著的影响，但孔隙结构、地层水矿化度、泥质含量等也是影响电阻率的重要因素，因此就计算难度来说，在上述三个主要参数中，含油饱和度（S_o）的准确计算比厚度（H）、孔隙度（ϕ）的计算困难得多，特别是对页岩油以及致密、含裂缝等复杂储层，含油气饱和度定量评价面临的挑战更大。除电阻率测井之外，利用核磁共振测井等也可进行含油气饱和度定量评价。

6.6 如何确定油气流动的快慢？

对于地下储层岩石，人们最关心的两个问题，是能不能存储油气，存储的油气能否流动、能否开采出来，用比较专业的术语就是储集性和渗透性。储集性决定了岩石中能够储集油气的空间大小，渗透性则决定了孔隙中油气的流动能力。

那么用什么参数来描述油气流动的快慢呢？

法国水文工程师亨利·达西（Henri Darcy）通过砂岩渗滤实验，发现了著名的达西定律。达西定律中的比例系数能反映岩心允许流体流动的快慢，人们称之为渗透率，单位为达西（D）。由于达西这个单位较大，实际中通常用毫达西（mD）作为渗透率的单位。

储层岩石的渗透率就如同图 6.11 中道路上汽车的可流通量，区别在于道路上流通的是汽车，而孔隙中流通的是各种流体，如地层水、油气等。高速

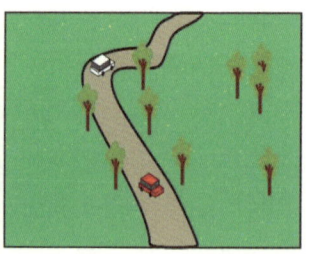

图 6.11　渗透率类比图

公路宽阔，行车道多，汽车行驶的速度就快，相似地，储层孔隙半径越大，渗透率就越高；乡间小路狭窄，行车道少，汽车行驶的速度就慢，相似地，储层孔隙半径越小，渗透率就越低。

那么如何利用测井进行渗透率评价呢？孔隙度是控制渗透率的关键参数，因此评价渗透率最重要的思路就是，首先通过岩心孔隙度、渗透率实验，建立孔隙度与渗透率之间的定量关系（图6.12），然后再利用测井资料计算得到的储层孔隙度进行渗透率计算，该方法是实际中最常用的方法。

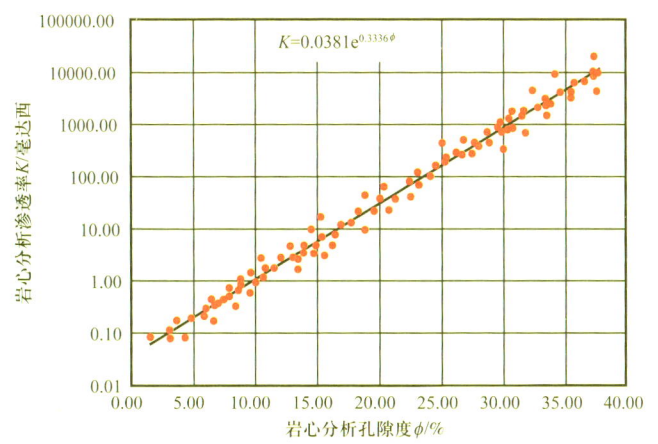

图6.12 孔隙度—渗透率实验关系

如图6.12所示的孔隙度—渗透率关系只有在孔隙均匀、连通性好的储层中存在，对于孔隙类型复杂、非均质性较强的储层，如碳酸盐岩储层、火山岩储层、页岩储层等，渗透率与孔隙度之间的关系将复杂得多，难以用单一的函数准确描述。此时，为了提高渗透率评价精度，还需要进一步考虑孔隙的类型、半径、迂曲度（图6.13）等其他影响渗透率的因素。

> **小贴士**
>
> 迂曲度：描述渗流通道在孔隙介质中弯曲程度的一个重要参数，定义为渗流通道的实际长度 L 与穿过的孔隙介质外观长度 L_0 的比值，如图6.13所示。迂曲度反映了流体在孔道中流动轨迹的真实长度，数值越小，流动阻力越小，渗透率越大。

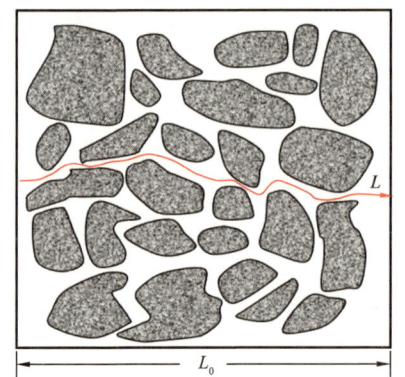

图 6.13 迂曲度的概念

由于核磁共振测井不仅能够得到储层的孔隙度，而且还能够反映储层孔隙半径及其分布，因此被广泛应用于储层渗透率评价。目前，应用最为广泛的核磁共振渗透率模型为 SDR 模型和 Coates 模型。核磁共振渗透率模型仍然是以孔隙度为核心，只不过除孔隙度之外，还引入了反映储层岩石孔隙结构、流体可流动性等的参数，如 SDR 模型中的核磁共振 T_2 谱均值，Coates 模型中可动流体体积、不可动流体体积等参数。

除了利用孔隙度测井、核磁共振测井资料进行渗透率评价外，利用声波测井中的斯通利波衰减也可以计算储层的渗透率。这种方法是近年来发展起来的渗透率计算方法。该方法的优点在于，不需要先确定迂曲度、渗透率模型参数等，应用方便。

6.7 确定岩石的力学参数

中国大型含油气盆地，如松辽、鄂尔多斯、准噶尔、塔里木等盆地，有大量油气储存在非常致密的岩石中。这类岩石非常"瓷实"，被人们形象地称呼为"磨刀石"。岩石太致密，挡住了油气的运移，油气就采不上来，这就需要施加外力，将岩石压碎，产生裂缝，这样才可以将油气开采出来。

地下岩石有些地方软，有些地方硬，软的地方受力的时候不容易产生裂缝，而硬的地方受力后容易产生裂缝，从而改善油气的流动通道。因此，为了知道哪个地方适合压裂，需要评估岩石的力学性质。脆性和水平主应力是反映岩石力学性质的两个常用参数。

脆性

岩石受力后发生破裂的难易程度可以用脆性来表征。

就像平时吃的薯片轻轻一碰就会碎裂而铁丝受力后虽然弯曲却不断开一样,岩石受力后发生变形的情况也千差万别。地下岩石有较脆的岩石和偏软的岩石。有些岩石就像蛋壳一样,受力后很容易产生网状的破裂,油气可以通过破裂产生的裂缝流动,这类岩石脆性较强,可压裂性较好;而有些岩石就像雨后田间的软泥一样,受力后虽然产生很大变形但却不会四分五裂,这类岩石脆性较弱,可压裂性较差。

岩石脆不脆与很多因素有关,一般用脆性指数来表示脆性的大小,目前科研人员主要通过实验观测和测井方法评价岩石脆性。比如可以通过实验对不同岩石施加相同的力,脆性较好的岩石形变量较小,而脆性差的岩石形变量较大。

再比如钻井的时候,由于较脆的地层更容易产生微小的裂缝,从而导致声波在通过的时候速度会有一定程度降低,那些速度减小的地方就指示了地层脆性较好的具体位置。

水平主应力

地下的岩石一直在受力,这些力主要有上面岩石的压力(通常称为上覆应力)、平面上受到的方向相互垂直的最强和最弱的力(通常称为最大和最小水平主应力),如图6.14所示。

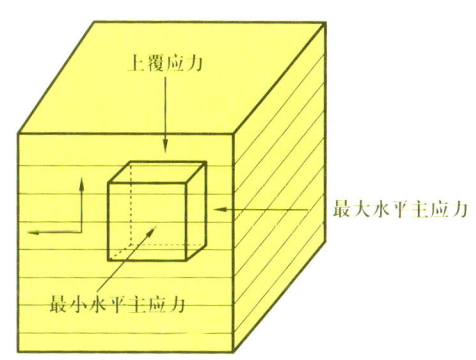

图6.14 地下岩石受力状态示意图

水平主应力的大小在地下不同位置不同深度不一样,需要根据岩石的特点采用合适的模型和测井方法来定量评价。水平主应力对于油气开发非常重要，油气富集段（称为"甜点"段）主要集中在最小水平主应力较小、脆性较好的层段。

6.8 如何评价岩石的生烃能力？

说到石油，大家通常会认为它是石油工人利用抽油机从地下石油河中抽取出来的。实际并非如此，将石油从地下开采出来并没有想象中的那么容易，首先需要找到储存石油的岩石，而这些岩石中的石油是由那些具有生烃能力的岩石生成，通过后期运移，最后储存到这些岩石中。

岩石的生烃能力简单来说就是岩石能生成烃类物质的能力。大自然中并不是所有的岩石都具备生烃能力，那些具有生烃能力的岩石通常称为"烃源岩"。其中，烃源岩中有机质的丰度、类型及成熟度决定着生烃的潜力。

> **小贴士**
>
> 烃源岩也称生油岩，是富含有机质、大量生成油气与排出油气的岩石（法国石油地质学家 Tissot，1978），是油气藏形成的物质基础。烃源岩应该具备的条件：含有大量有机质（即干酪根）、达到干酪根转化成油气的门限温度。

要想知道地下哪里富集石油，就要先知道哪里有可以生成油气的"烃源岩"。就像在广阔的田地上要想种出品质好、数量多的果实，那就需要先知道哪里的土地肥沃，哪里的土地贫瘠。只有在肥沃的土地上种植作物和水果，才能获得丰收。寻找石油也是类似，要想知道哪里富集石油，就要先弄清楚地下哪些岩石具有生烃能力，哪些地方发育这些具有生烃能力的岩石。

那怎么才能知道地下哪些岩石具有生烃能力呢？具有生烃能力的岩石和普通岩石具有很大差异，识别这些差异，就可以很容易找到那些具有生烃能力的岩石。具有生烃能力的岩石通常富含有机质，而有机质常常表现出放射性强、铀含量高、密度小、声波速度低和电阻率值高的特点。根据有机质的这些特征，就可以通过测井曲线去识别那些具有生烃能力的岩石，而测井分析家们也正是利用这种差异对具有生烃能力的岩石进行定量评价，从而了解其生烃潜力。其中，评价岩石生烃潜力大小很重要的一个指标就是岩石总有机碳含量（TOC）。岩石的总有机碳含量越高，反映岩石生烃潜力越大；反之，则说明该岩石生烃潜力很差或不具有生烃能力（图6.15）。

图 6.15　具生烃能力岩石示意图

6.9　判定地下油气藏的分布形态

地下油气藏是储存油气的天然宝库，只不过它不是像游泳池那样，里面全是水，油气是储存在岩石的孔隙里面，就像一块吸了水的海绵，水储存在海绵里面。地表形态、河流湖泊分布可以通过卫星遥感技术进行直接观测，但在数千米以下，地下油气藏的分布形态、范围却无法直接测量，就像盲盒一样，你永远不知道购买的盲盒里面是否装着你最想要的商品，但要是你有一双"透视眼"，那岂不是想要的商品信手拈来，而地震勘探和井下地球物理测井技术就是我们探寻地下油气藏真正面貌的"透视眼"。

地震勘探就是利用声波的发射和接收反映地下的真实形态，就像在伸手不见五指的黑夜，你想拿你的手机，但是你什么都看不到，想准确找到手机很困难，但是如果这时候手机响了（手机屏幕不亮），可以大大提高找到手机的概率，只不过地震勘探利用了声波更复杂的性质；地球物理测井就像天文学家观察天上的星星一样，放眼望去，只有一颗颗在发光的星星，但是借助天文望远镜，就可以看到每一颗星星更多的细节，而地球物理测井技术就相当于地质家的"天文望远镜"，只不过这个"天文望远镜"帮助地质家实现了从看不见到看见的突破，而且每颗星星的特征在测井技术里面是以一条条的曲线表示。

油藏描述中，研究区地下的空间分布、地层厚度变化、油气层分布特征等是评价的核心内容。通过分析一个地区的测井解释结果，也就是利用上述测井技术所看到的"每一颗星星"的形态特征，横向对比，可得到地层在不同井中厚度的变化、储层参数的变化，进而可预测地层空间展布特征。这种井与井间的比较和井与井间地层特征的评价被称为多井对比技术。

> **小贴士**
>
> 关键井是指测井方法全、井穿过工区中所有目标地层，有完整的地层取心资料、录井资料（记录井筒中出来的岩石类型、是否有油气等性质的资料）、井旁地震资料（通过地震技术获得的资料）等的井。

在多井对比过程中，首先找出工区中资料最全的井作为关键井；然后，对关键井进行精细地质分层、储层参数计算、油气水储层精细划分等，确定油气层的测井响应特征和规律；之后，结合关键井评价结果，将工区中所有井与关键井进行曲线特征的对比，通过对比，确定工区中各地层、各油气水储层在各井中的分布特征，计算各井的储层参数；最后，结合工区中各井的空间位置，连接井间的地层界面或油层界面，结合井周地震情况，确定砂体的展布情况，就像天上的云朵一样，每一朵云都有不同的形状，形成地层剖面图、油藏剖面图和三维栅状图等（图6.16）。通过以上成果图可以清楚看到油藏所在地层的空间展布，并利用数学上的空间插值算法，预测井与井间的储层分布，形成储层空间分布图，实现对油藏精细评价，为油田开发方案设计提供依据。

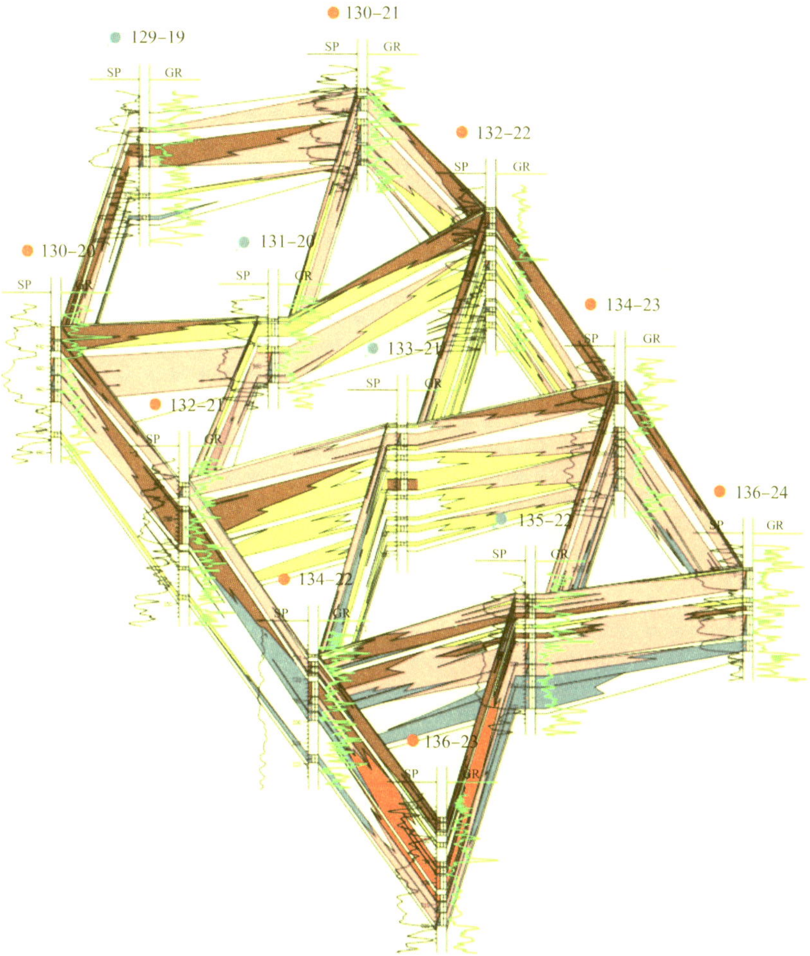

图6.16 栅状图

6.10 让井眼躺着在油气中穿行

石油和天然气都是在盆地中被发现的。在一个面积几十万平方公里的盆地中，不同地质年代形成不同的地层，它们都被深埋在地下，但在盆地边缘的山区往往会看到部分地层出露在地表。尽管在山区看到出露的地层高低起伏不平，但是在盆地内部的深层，它们往往呈现近似水平的分布，延伸数千米，除非有地震等活动改变这种状况，在岩层的局部形成一些类似于"鼓包"一样的隆起或弯曲，这往往也就构成了石油天然气聚集的有利场所。

地质学家通过详尽的调查研究发现油气之后，会在地面用钻机钻开一个井眼，直到钻穿含油气的岩层之后，通过一系列步骤把油气采上来。在石油工业发展的早期，由于技术工艺的限制，都采用垂直钻井的方式，圆柱形井眼的直径一般不超过 25 厘米，与地层直接接触的面积有限，因此直井往往只能捕捉到井眼周围几百米范围内的油气，产量一般不高（图 6.17）。

图 6.17 垂直井钻井和采油示意图

随着经济和社会发展对能源需求的加大，如何提高油气产量就成为一个迫在眉睫的问题。一个理想的思路就是让井眼平躺，尽可能沿着含油气层穿行，通过增大井眼与地层的接触面积以大幅提高油气田产量，这就是水平井开采方式，该技术目前已被广泛应用。

在几千米的地下，地层往往曲折蜿蜒，钻头就是一个铁疙瘩，如何让它引导着井眼像"老鼠闻着气味找食物"一样沿着含油气地层穿行是一个难题。为此，工程师专门发明了安装在钻头后面、能够测量井眼周围岩石电阻、密度等各种参数的仪器，在钻井过程中将这些数据实时传到地面，通过专门的软件处理，分析判断钻头当前位置以及前方可能遇到的岩层变化，并配合钻井工程师调整钻进方向，最大限度地保证井眼沿着期望的方位行进（图6.18）。这个过程好比在一个完全陌生的城市里面开车，为了快速到达目的地，少走弯路，采用导航软件指导最短行车路线、避开拥堵路段。

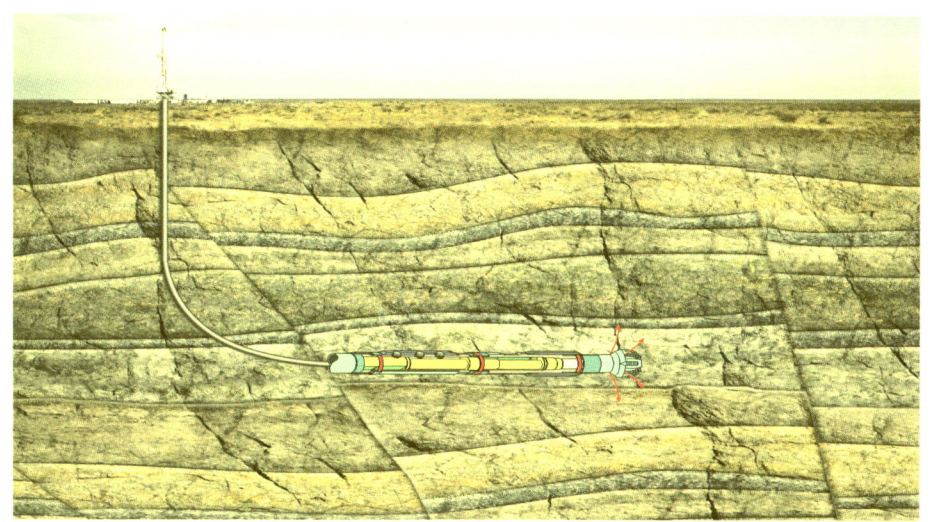

图6.18 水平井钻井和控制井眼轨迹示意图

6.11 从井中看不同径向深度的地层

随着勘探开发的不断深入，小型和隐蔽油气藏逐渐成为油气勘探的重要目标。这类油气藏很难被发现，这是因为储层非均质性极强，远离井壁深处的储层特性与井壁附近的储层特性具有很大差异。

在这种情况下,识别出勘探位置是否能够储存大量油气并能够采集出来,就需要考虑距井壁不同横向距离的缝洞发育信息。那么如何从井中得到不同横向距离的缝洞发育情况呢?传统的测井方法由于横向探测距离有限,只能反映距井壁3米以内的地层信息,无法对距井壁3米以外的地层进行评价。因此,专家们通过结合传统测井、远探测声波测井以及井旁地震道的测量信息,对距井壁不同横向距离的缝洞体进行评价。

根据不同测井仪器的探测深度,从井口中心出发沿横向划分出4个不同半径而又彼此相连的同心圆(环)探测区带,分别是:0~0.1米的贴井壁区带、0.1~3米的近井壁区带、3~30米的中远离井壁区带和大于30米的超远井壁区带。

就像平时拍照一样,可以用"相机"把距离很近的东西直接拍下来,很容易得到周围事物的图像,如可以利用微CT孔隙分析、电成像谱分析技术,提取0~0.1米贴井壁区带地层缝洞发育情况。

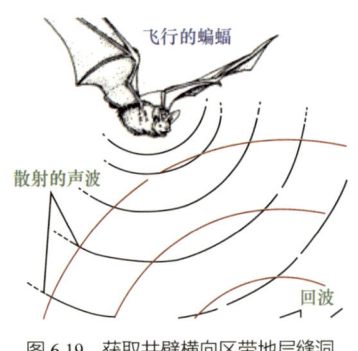

图6.19 获取井壁横向区带地层缝洞发育情况示意图

通过声波反射的现象,就像蝙蝠在飞行的时候会发射超声波,通过接收超声波反射的回波可以了解到周围的情况一样,也可以利用反射声波信息提取相关滑行波信息,得到0.1~3米近井壁区带地层缝洞发育情况(图6.19)。

发射传播距离更长的声波,分析得到的反射波,就像一个人如果隔着较远距离和朋友打招呼的时候,就会加大嗓门,这样就可以让别人听见。通过这种方法可以得到3~30米内井周360度方位中远离井壁区带地层缝洞发育情况。

当距离很远的时候,就需要用到地震波了,其原理和声波测井一样,也是发射声波,提取声波中的信息,从而可以知道不同井之间地层裂缝、孔洞的发育情况,可识别30米以外超远离井壁区带地层的缝洞发育带。

上述方法不仅涵盖了贴井壁和近井壁地层的缝洞发育信息，同时还融合了中远离井壁、超远井壁地层缝洞发育情况。通过综合不同径向深度上的缝洞发育信息，可以实现由井壁到井旁径向深度梯次变化的储层有效性评价，对油田勘探开发具有非常重要的意义（图6.20）。

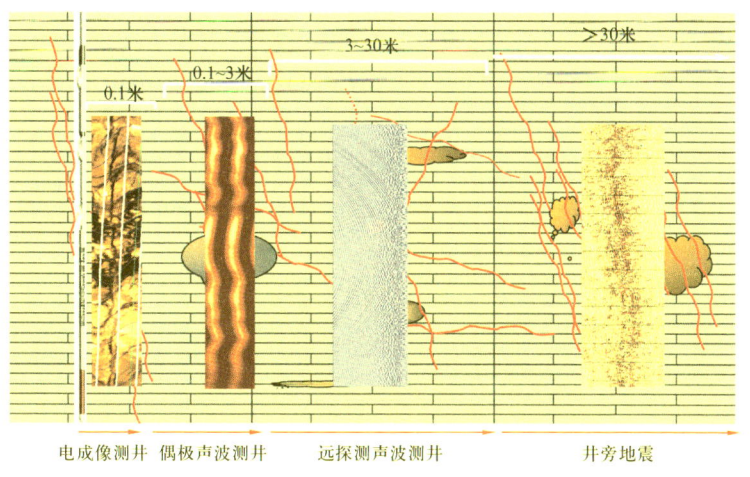

图6.20　径向深度梯次变化的储层有效性评价方法示意图

参 考 文 献

《测井学》编写组，1998. 测井学［M］. 北京：石油工业出版社：29-38.

楚泽涵，等，2007. 地球物理测井方法与原理：上册［M］. 北京：石油工业出版社．

楚泽涵，等，2008. 地球物理测井方法与原理：下册［M］. 北京：石油工业出版社．

高杰，张锋，车小花，等，2022. 地球物理测井方法与原理［M］. 2 版. 北京：石油工业出版社．

郭海敏，2023. 生产测井导论［M］. 3 版. 北京：石油工业出版社．

郭海敏，宋红伟，刘军锋，2021. 生产测井原理与资料解释［M］. 2 版. 北京：石油工业出版社．

郭晓霞，杨金华，李晓光，等，2020. 中国油气田技术服务行业对标分析与建议［J］. 世界石油工业，27（4）：36-43.

洪有密，2008. 测井原理与综合解释［M］. 东营：中国石油大学出版社．

黄隆基，2000. 核测井原理［M］. 北京：石油工业出版社．

金宁德，赵鑫，郑华，等，2006. 油井伞集流油气水三相流流动参数的软测量方法［J］. 化工学报，57（12）：2847-2853.

孔令富，刘兴斌，李英伟，2017. 生产测井油气水多相流测量方法与传感技术研究［M］. 北京：科学出版社．

李宁，等，2013. 中国海相碳酸盐岩测井解释概论［M］. 北京：科学出版社．

李舟波，2006. 钻井地球物理勘探［M］. 北京：地质出版社．

刘合，2003. 油田套管损坏防治技术［M］. 北京：石油工业出版社．

刘继生，谢荣华，王兴国，等，2002. 工程测井在套管损坏检查与预防中的应用［J］. 测井技术. 2002，26（1）：68-74.

刘宪伟，郭冀义，杨景海，2012. 碳氧比能谱测井数据处理与解释方法［M］. 北京：石油工业出版社．

刘永年，1982. 我国地球物理测井发展历史的回顾［J］. 测井技术（1）：1-5.

楼一珊，1998. 利用声波测井计算岩石的力学参数［J］. 探矿工程（3）：47-50.

路易·A. 阿洛德，莫里斯·H. 马丹，1982. 石油测井技术发展史［M］. 林民瑞，孙淑强，徐丽卿，译. 北京：石油工业出版社．

乔文孝，鞠晓东，车小花，等，2011. 声波测井技术研究进展 [J]. 测井技术，35（1）：14-19.

尚作源，楚泽涵，黄隆基，等，2006. 走进石油：在井下看油气藏——石油地球物理测井 [M]. 北京：石油工业出版社.

孙永兴，贾利春，2020. 国内3000m长水平段水平井钻井实例与认识 [J]. 石油钻采工艺，42（4）：393-401.

谭茂金，2015. 有机页岩测井岩石物理 [M]. 北京：石油工业出版社.

谭廷栋，1989. 测井的回顾与展望：纪念我国测井诞生50周年 [J]. 测井技术（3）：1-8, 36-77.

唐晓明，郑传汉，2004. 定量测井声学 [M]. 赵晓敏，译. 北京：石油工业出版社.

王才志，刘英明，李伟忠，等，2014. CIFLog测井软件平台用户应用系统开发 [M]. 北京：石油工业出版社.

王克协，崔志文，2011. 声波测井新理论和方法进展 [J]. 物理，40（2）：88-98.

吴锡令，2004. 石油开发测井原理 [M]. 北京：高等教育出版社.

吴锡令，王晓星，赵彦伟，等，2008. 油井流动成像电磁测量方法研究 [J]. 中国科学（D辑：地球科学）(S1)：161-165.

肖立志，1998. 核磁共振成像测井与岩石核磁共振及其应用 [M]. 北京：科学出版社.

肖立志，谢然红，廖广志，2012. 核磁共振测井理论与方法 [M]. 北京：科学出版社.

肖振军，吕才典，2018. 粒子物理学导论 [M]. 北京：科学出版社.

谢荣华，刘继生，张月秋，等，2003. 检查套管损坏的电磁探伤测井方法及应用 [J]. 测井技术，27（3）：242-245.

徐四大，1989. 核物理学 [M]. 北京：清华大学出版社.

雍世和，张超谟，1996. 测井数据处理与综合解释 [M]. 东营：石油大学出版社.

曾文冲，1991. 油气藏储集层测井评价技术 [M]. 北京：石油工业出版社.

张锋，2009. 我国脉冲中子测井技术发展综述 [J]. 原子能科学技术（S1）：116-123.

张锋，徐建平，胡玲妹，等，2007. PNN测井方法的蒙特卡罗模拟结果研究 [J]. 地球物理学报，50（6）：1924-1930.

张庚骥，2009. 电测井算法 [M]. 北京：石油工业出版社.

张海澜，王秀明，张碧星，2004. 井孔的声场和波 [M]. 北京：科学出版社.

赵亮，吴锡令, 2002. 流动成像测量与流动成像测井技术研究进展 [J]. 测井技术, 26 (2): 94-97.

郑华，刘宪伟，董建华, 2005. 双源距碳氧比测井技术研究 [J]. 测井技术. 29 (2): 159-163.

中国石油勘探与生产公司, 2013. 套管井测井技术手册 [M]. 北京：石油工业出版社.

朱达智，栾士文，程宗华，等.1984. 碳氧比能谱测井 [M]. 北京：石油工业出版社.

Cao Z, Xu L J, 2012. Direct image reconstruction for 3D electrical resistance tomography by using the factorization method and Electrodes on a Single Plane [C]. IEEE International Instrumentation & Measurement Technology Conference: 1919-1922.

Darling, Toby, 2005. Well Logging and Formation Evaluation [M]. Amsterdam: Elsevier Science.

Doll H G, 1949. Introduction to induction Logging and Application to Logging of Wells Drilled With Oil Base Mud [J]. Journal of Petroleum Technology, 1 (6).

Donovan G, Dria D E, Ugueto G A, et al, 2008. Improved Production Profiling Using Thermal Balance and Statistical Modeling in the Pinedale Anticline of the US Rocky Mountains [A] //SPE Annual Technical Conference and Exhibition [C], Denver, Colorado, USA.

Ellis D V, Singer J M, 2008. Well Logging for Earth Scientists [M]. Dordrecht: Springer.

Guo Haimin, Liu Junfeng, Dai, Jiacai, et al, 2009. Interpretation models and charts of production profiles in horizontal wells [J]. Science in China (Series D: Earth Sciences), 52 (S1): 161-166.

Knoll G F, 2010.Radiation detection and measurement [M].New York: John Wiley & Sons, 2010.

Shi Shoubo, Liu Junfeng, Hu Haifeng, et al, 2023. A research on a GA-BP neural network based model for predicting patterns of oil-water two-phase flow in horizontal wells [J]. Geoenergy Science and Engineering, 230: 212151.

Stephen P, 2010.Recent advances in well logging and formation evaluation [J].World Oil, 231 (6): 51-57.